U0033234

Accounting Chart

新手 一看就懂的

張凱文◎著

圖解財務報表

- 圖解式解說
- 活潑式插畫
- 輕鬆易懂

ROE

新手一看就懂的圖解財務報表 / 張凱文著. -- 初版. --
臺北市：羿勝國際, 2017.11
　　　面；　公分
ISBN 978-986-95518-4-7(平裝)

1.財務報表 2.財務分析
495.47　　　　　　　　　　　　106019432

作　　者　張凱文

出　　版　羿勝國際出版社

初　　版　2017年11月

電　　話　（02）2297-1609

地　　址　新北市泰山區明志路2段254巷16弄33號4樓

定　　價　請參考封底

印　　製　東豪印刷事業有限公司

總 經 銷　　羿勝國際出版社

聯絡電話　　(02)2236-1802

公司地址　　220新北市板橋區板新路90號1樓

e-mail　　yhc@kiss99.com

正義的捍衛者，
腐敗的終結者。

讓新手也能一看就懂的會計學

記得剛進入股票市場時，我還不知道會計學究竟為何物，雖然大學讀的是企業管理，但是在那個年代，會計學對於我們這些科班生來說還是非常陌生，即使在我30歲以後想要回過頭來，有系統地學習財務報表，對我來說還是一件非常痛苦的事情。

最大的問題就是會計學中的那些陌生概念和用語。這些概念和陌生的術語往往都是過目即忘，很難掌握的，通常第一天學好之後，第二天醒來，昨天勉強記憶的那些概念和術語就忘得一乾二淨了。因此，掌握財務報表術語的過程，是相當漫長而又曲折痛苦的，我甚至還遭遇到了前所未有的挫折感。

即使在我正式成為一名專業投資人之後，始終沒忘了回過頭來讓那些初學者更加輕鬆地掌握會計學，這成為了筆者心中的一大願望，在編寫這本書的過程中，筆者則是擬定了幾個重點：

首先，確保那些不知會計學為何物的初學者，能夠淺顯易懂地學習，由淺入深，其次，務必讓讀者掌握財務報表中的準確概念和術語，進一步提高讀者的財務報表分析能力，最後便是以實際的案例，輔佐本書的進行。

　　即使是第一次接觸會計學的讀者也將會被這本書中的內容深深吸引，進而在愉快、輕鬆的氛圍中逐漸掌握財務報表的相關知識和內容。財務報表中的數字，其實也不過就是普通的數字而已。而將其中的數字與其他數字互相比較分析時，我們可以從中獲取非常有用的投資資訊和企業經營戰略所需的相關資料。

　　本書從不同的層面為讀者培養評估分析公司財務狀況的能力，希望各位讀者通過這本書，對財務報表有一個更加清晰、明確的認識，最後，希望大家在財務報表學習過程中有所收穫，並且透過提升分析財報的能力，早日踏上財務自由之路。

Contents 目錄

Contents 目錄

Part 1

會計名詞小百科

會計基本與理論

■ 會計是對經濟資訊的認定、衡量與溝通的程序，
以協助資訊使用者做審慎的判斷與決策。

會計學的目的

（一）目的

1.幫助財務報表使用者之投資與授信決策。

2.幫助財務表使用者評估其投資與授信資金收回之
金額、時間與風險。

3.報導企業之經濟資源，對經濟資源之請求權，及
資源與請求權變動的情形。

4.報導企業之經營績效。

5.報導企業之流動性、償債能力及資金之流量。

6.評估企業管理當局資源之責任及績效。

7.解釋財務資料。

（二）會計的功能分類
1.依業務性質分為，營利會計及非營利會計。

2.依使用者需求分為，財務會計及管理會計。

3.依企業經營型態分為，獨資會計、合夥會計及公司會計。

（三）會計的基本假設
1.企業個體慣例：便於企業個體損益之計算。

2.繼續評價慣例：會計上假定企業將繼續存在下去，不會在可預見的未來解散。

3.貨幣評價慣例：以貨幣為交易計價的媒介。

4.會計期間慣例：將企業存續期間劃分段落，每一段落為一會計期間，便於計算損益，編製報告，讓報表使用人能及時了解企業經營狀況。

（四）會計的基本原則：

1.成本原則：會計上採用歷央成本作為入帳及評價的根據。

2.收益原則：收益必須符合已實現或可實現、已賺得這兩個要件才能認列。收益認列的時間，原則上是在銷貨點，例外有於生產期間（長期工程合約之完工比例法）、生產完成時（貴重金屬、農產品）及收款時（收款有重大不確定之分期付款銷貨所採的毛利百分比法）。

3.配合原則：收益與成本應於同一會計期間認列。

4.充分揭露原則：財務報表應揭露所有能幫助使用者了解及決策的資訊。

（五）會計的操作限制

1.成本效益關係：會計資訊的提供效益，必須是效益大於成本的。

▶會計恆等及借貸法則

1.恆等式
資產＝負債＋業主權益

資產負債表	
資產	負債
	業主權益

2.借貸法則

左方：借方	右方：貸方
資產增加	資產減少
負債減少	負債增加
業主權益減少	業主權益增加
收益減少	收益增加
費用增加	費用減少

2.重要性：在性質上，為不尋常、不適當或為本來情況改變之預兆。在數量或金額上，與相同項目比較，其比例較大者。

3.行業特性：某些特殊行業，必須採用特殊之會計方法，以適應行業的特性。

4.穩健原則：資產評價從低，負債估列從高。不認列預估收益，但預計可能損失。

（六）會計基礎
1.現金基礎：收益與費用於實際現金收付時認列。
　　　　　　（但此違反了配合原則）

2.應計基礎：於收益實現及費用發生時，即加以認列。

會計處理程序

■ 會計的工作由分錄、過帳、試算、調整、結帳、
以至編表，每期循環一次而復始。

一、會計憑證

（一）原始憑講

1.外來憑證：企業自他人取得之憑證。

2.對外憑證：企業本身製發給予他人之憑證。

3.內部憑證：企業內部會計事項之憑證（憑證即一
般簡稱的發票或收據。）。

（二）記帳憑證：記帳憑證有傳票和應付憑單。其
中傳票又分為：

1.單式傳票：以科目為單位，即一個會計科目編一
　　　　張傳票。

2.複式傳票：以交易為單位，即一筆交易編一張傳
　　　　票。

二、帳簿組織
（一）日記簿
1.普通日記簿：將企業之一般交易依發生之先後順
序，以分錄之形態加以記錄的帳簿。

2.特種日記簿：對於特種交易為序時登記之帳簿。

（二）分類帳
1.總分類帳：以會計科目為分類的標準，內容包括
企業所有應用之科目。

三、平常會計處理程序——分錄、過帳、試算

（一）分錄：將交易依借貸法則發入日記簿內。

（二）過帳：將日記簿之分錄轉記於相關帳簿之程
序，其相關帳簿稱為分類帳。

（三）試算：彙總分類帳各科目餘額，以驗證借貸法則是否平衡。

四、期末會計處理程序——調整、結帳、編表

（一）調整：

1.意義：將會計記錄修正，使其符合實際狀況，以產生允當之財務報表。

2.應調整事項：包括應收未收益及應付未付之費用。

（1）應計項目：
　　應收收益　xxx
　　　　收益　　xxx
（2）應付費用：
　　費用 xxx
　　　應付費用 xxx

▶ 遞延項目：包括預付費用、預收收益之調整

	記實轉虛法	記虛轉實法
（一）處理方式	①平時預收弄金時，列入負債期末再將已實現部份，轉最收入。 ②平時預付現金時，列記資產。期末再將已耗用部分，轉列費用。	①平時預收現金，列記收益。期末再將已耗用部分，轉列負債。 ②平時預付現金時，列記費用。期末再將末耗盡部分，轉列資產。
（二）分錄		
①預收收益	記實轉虛法	記虛轉實法
平時	現金 XXX 　預收收益 XXX	現金 XXX 　收益 XXX
期末調整	預收收益 XXX 　收益 XXX	收益 XXX 　預收收益 XXX
②預付費用		
平時	預付費用 XXX 　現金 XXX	費用 XXX 　現金 XXX
期末調整	費用 XXX 　預付費用 XXX	預付費用 XXX 　費用 XXX

4.估計項目：包括折舊和壞帳之提列。

（1）折、折耗、攤銷
　　折舊 XXX
　　　　累計折舊 XXX

（2）壞帳
　　壞帳 XXX
　　　　備抵壞帳 XXX

（二）結帳
將虛帳戶結清，實帳戶結轉下期之期末會計程序。

1.虛帳戶結清：收入、費用帳戶轉入損益彙總，即借記收入，貸記費用，差額借或貸損益彙總科目。該科目貸餘表示本期有淨利，反之有借餘，則表示本期有淨損。最後再將淨利或淨損轉入資本或保留盈餘。
＊借（貸）餘：即該科目之借方金額與貸方金額相抵後，餘額出現在借（貸）方稱之。

2.實帳戶結轉：資產、負債、業主權益等實體項目，不隨會計期間之結束而消失，故其餘額應結轉下期，繼續記錄。

編製**財務報表**

■ 公司的財務靜態和動態狀況，可從財務報表中清楚呈現。

　　資產負債表：表達一企業在某一特定時日財務狀況的靜態報表。報表主體分為資產、投資與基金、營業資產及其化資產。

　　負債則按到期日之遠近排列，可分為流動負債、長期負債及其他負債。

　　業主權益可分為股本、資本公積及保留盈餘。

（1）報告式：資產減負債等於業主權益。
（2）帳戶式（如下表）

XX公司　資產負債表　西元XX年XX月XX日

資產			負債		
流動資產：			流動負債：		
現金和銀行存款		XXX	短期借款		XXX
短期投資		XXX	應付票據		XXX
應收票據		XXX	應付帳款		XXX
應收帳款	XXX		應付費用		XXXX
減：備抵壞帳	（XXX）	XXX	預收款項		XX
		XXX	長期負債一年內到期部份	XXX	
存貨					
預付款項		XXX			
流動資產合計		XXX	流動負債合計		XXX
長期投資與基金		XXX	長期負債		
營業資金			長期借款		XXX
土地		XXX	應付公司債	XXX	
建築物	XXX		加：應付公司債溢價	XXX	
減：累計折舊	（XXX）	XXX	減：應付公司債折價	（XXX）	XXX
設備設備	XXX		應付租賃款		XXX
減：累計折舊	（XXX）	XXX	應付退休金負債		XXX
租賃資產	XXX		長期負債合計		XXX
減：累計折舊	（XXX）	XXX	其他負債		
無形資產		XXX	存入保證金		XXX
營業資產合計		XXX	遞延負債		XXX
其他資產			其他負債合計		XXX
支出保證金		XXX	負債總計		XXX
遞延資產		XXX	股東權益		
其他資產合計		XXX	股本		XXX
			資本公積		XXX
			保留盈餘		XXX
			股東權益總計		XXX
資產總計		XXX	負債及股東權總計		XXX

　　損益表：表達一企業在某一特定期間內經營成果之動態報表。

　　現金流量表：表達一企業特定期間之營運活動、投資活動及理財活動所產生之現金入及現金出情形。

　　業主權益變動表：表達一企業特定期間之業主權益變動情形。

轉回分錄

　　（一）意義：在會計期間開始時，將上期之部分調整分錄，作一科目、金額相同，借貸相反之分錄，稱之。

　　（二）範圍與目的：

1. 可做轉回

（1）應收應付：包括應收收益、應付費用等。

（2）記虛轉實之預收收益、預付費用、用品費用等。

2. 不可做轉回

（1）記實轉虛之預收收益、預付費用科目。

（2）估計項目之調整，例如折舊、壞帳等。

▶（1）多站式：XX公司 損益表

銷貨收入		$XXX
減：銷貨退回及折讓		（XX）
銷貨淨額		XXX
銷貨成本		
期初存貨	$XXX	
加：進貨淨額	XXX	
可銷商品	$XXX	
減：期末存貨	（XX）	XXX
銷貨毛利		$XXX
營業費用		
銷售費用	$XXX	
管理費用	XXX	XXX
營業利益		$XXX
加：營業外收入		XXX
減：營業外支出		（XX）
繼續營業部門稅前純益		$XXX
減：所得稅		（XX）
繼續營業部門純益		$XXX
停業部門損益（稅後淨額）		XXX
非常損益（稅後淨額）		XXX
會計原則變動之累積影響數（稅後淨額）		XXX
本期純益		$XXX

西元XX年XX月XX日至XX月XX日

▶ （2）單站式：XX公司 損益表

收益		
銷貨收入		$XXX
其他收入		XXX
收入合計		$XXX
費用：		
銷貨成本	$XXX	
營業費用	XXX	
其他費用	XXX	
費用合計		XXX
繼續營業部門純益		$XXX
（以下部分與多站式相同）		

西元XX年XX月XX日至XX月XX日

現金

■ 現金是所有資產中，流動性最大的資產，不需經
任何變現程序，即可自由運用。

　　現金包括庫存現金、零用金（紙幣及硬幣）、即期
支票、銀行本票、銀行支票、郵政匯票、保付支票;支票
存款、活期儲蓄存款。

現金的3特性

　　（一）貨幣性：可充為交易之媒介、價值衡量之尺
度，並以之為記帳單位。

　　（二）通用性：可在當地自由流通。

　　（三）可自由運用：用途不受限制。

銀行透支與借款回存

（一）銀行透支

1.屬流動負債。

2.不同銀行之透支，不能與存款餘額相抵銷;但如同一銀行開設兩個帳戶,則透支與餘額可互相抵銷。

（二）借款回存

1.又稱補償性存款。

2.企業向銀行借款,而被要求借款金額之一部分存回銀行,不能動用,此一部分存款即稱之。

3.財務報表表達：若其相關借款為短期（流動負債）,則列為流動資產,並附註揭露。若其相關借款為長期（長期負債）,則列為長期投資或其他資產。

零用金

（一）意義

企業為簡化帳務處理,通常設置一個定額的零用金。指派專人保管,以支付日常零星開支。並於規定期間內報銷,補充。

（二）帳務處理。

▶ 會計學上的現金紀錄

	分錄	
1.設置	零用金	XXX
		現金 XXX
2.支出	不做分錄。在零用現金簿上登記。	
	各項費用	XXX
	（零用金短溢）	XXX
		現金 XXX
4.金額調整		
（1）增撥	零用金	XXX
		現金 XXX
（2）減撥	現金	XXX
		零用金 XXX
5.期末報銷		
（1）報銷並補足		
	各項費用	XXX
		現金 XXX
（2）報銷尚未補足	各項費用	XXX
		零用金 XXX
（3）補足零用金	零用金	XXX
		現金 XXX

（三）表達方式

1.正常情況下，零用金設置總額=零用金支出之收據總額+未使用之零用金總額。

2.如有不相符之情形，表示零用金有誤差情況（溢出或短少）。此時應將短溢數以「零用金短溢（現金短溢）」科目入帳。

（1）現金短溢帳戶如有借方餘額，表示發生損失，列為損益表中之其他費用。

（2）如有貸方餘額，表示發生收入，列為損益表中之其他收入項目。

（3）若短缺金額重大，則應追查原因，轉列應收帳款，不得逕作損益處理。

銀行調節表

（一）編製目的

表達公司帳與銀行帳上存款數額有無差異，若有則找出原因。

（二）公司帳與銀行帳發生差異之原因

1. 未達帳

（1）公司未達帳

銀行已借，公司未貸，例：代扣手續費。

銀行已貸，公司未借，例：存款利息。

（2）銀行未達帳

公司已借，銀行未貸，例：在途存款。

公司已貸，銀行未借，例：未兌現支票。

2. 錯誤

例如金額誤記，或是其他公司支票誤記入本公司銀行帳戶。

（三）調節方式

1. 分別由公司餘額及銀行對帳單調至正常餘額。

2. 由銀行對帳單餘額調至公司帳面餘額。

3. 由公司餘額調至銀行對帳單餘額。

　通常採1.法。

（四）特殊項目處理

1.保付支票：銀行在保付時，即已從公司存款中扣除，毋須再調。

2.公司已開立但未寄出支票：不算公司現金支出。

3.更正分錄：針對公司未達帳及錯誤部分，調整現金及銀行存款科目。

小知識

會計上易誤解之現金項目：
（一）員工借款係屬應收款項；
（二）郵票、印花稅票、暫付旅費屬預付費用。
（三）遠期票據屬應收票據；
（四）外幣屬短期投資；
（五）保證金、押金屬存出保證金；
（六）各種基金之現金，不得列為流動資產之現金。

應收款項

■ 所謂應收款項者，泛指各種債權。包括一切債務人所欠的款項。

應收款項種類一般包括以下三項：

1. 應收帳款：由營業所產生而來。

2. 應收票據：公司持有他人開立之即期或遠期票據。

3. 其他應收款：除銷貨之外，所發生的債權。

（一）入帳時間

1. 買賣業：

（1）起運點銷貨，貨物運出時，即認列銷貨及應收帳款。

（2）目的銷貨，貨物到買主手中，始認列。

2.服務業：炎務收現時，認列應收帳款。

（二）帳款金額之決定

1.折扣

（1）商業折扣，為定價與成交價之差額，發生於成交前，所以無須入帳。

（2）現金折扣，即一般所稱銷貨折扣。常付款條件為（2/10，n/30）：指成交日起10天內還款，則享有折扣率為2%，超過10天無折扣，信用還款期間為30天。（2/10，n/EOM）：指成交日起10天內還款，享有折扣率2%，超過10天無折扣，信用還款期間為月底前。會計處理方式：總額法、武額法、備抵法。

2.運費

起運點銷貨，由買方負擔運費。

目的地銷貨，由賣方負擔運費。

3.銷貨退回

銷貨退回　**XXX**（銷貨減項）

　　　應收帳款　**XXX**

（永續盤存制下，再加下列分錄）

　存貨　**XXX**

　　　　銷貨成本　**XXX**

壞帳處理

（一）帳款處理方式：分為直接沖銷法（非一般公認會計原則），與備抵法。

（二）會計分錄

<u>會計分錄</u>	<u>備抵法</u>
1.年底提列壞帳	壞帳　XXX
	備抵壞帳　XXX
2.實際發生	備抵壞帳　XXX
	應收壞帳　XXX
3.收回當年度已沖銷壞帳	應收帳款　XXX
	備抵壞帳　XXX
	現金　XXX
	應收帳款　XXX
4.收回以前年度轉銷壞帳（同上）	

應收票據

（一）原則上按現值計算。但因銷貨交易，所收票據期間不長於一年者，按到期值或面值計算。

（二）貼現：

1.意義：企業為周轉現金，將未到期之票據，向銀行貼現，支付貼現息，換取現金的使用。

2.金額計算：

到期值＝面額×（1＋票面利率×票據期間）

貼現息＝到期值×貼現率×貼現期間

貼現金額＝到期值－貼現息

3.會計分錄：

（1）總額法：承認票據期間之全部利息收入，及貼現息。

（2）淨額法：將貼現所得現金，與票據面值差額，承認淨利息收入。

（3）損益法：先承認發票日至貼現日之利息收入，再將貼現所得現金，與票據面值（含利息）之差額，承認貼現損益。

4.財務報表上的表達：「應收票據貼現」列於應收票據之減項。

存貨

■ 指備供營業出售的製成品或商品;或製造過程的
在製品、或供生產製造之材料。

存貨之認定

（一）認定原則：原則上，以是否擁有存貨的所有
權為判定的標準。

（二）特殊項目
1.在途存貨：商品在運送到買方的路程中。（商品
未送達買方手中）：

（1）起運點交貨：雙方明訂商品運出賣方的工廠，
即為賣出。所以，商品運出，即為買方之存貨。

（2）目的地交貨：雙方明訂商品運到買方手中，所有權才歸買方所有。所以，在運送述中，仍為賣方之存貨。

2.寄銷品與承銷品

（1）寄銷品：寄放在他人處銷售，視為還未銷售，算入存貨。

（2）承銷品：他人寄銷的商品，不算入承銷人的存貨。

3.入期付款出售之商品：在顧客未繳清貨款前，

（1）所有權：仍屬於賣方；

（2）存貨：不算入賣方的存貨中。因為賣方通常不預設顧客會拒絕付款，而退回存貨。

存貨之原始評價

（一）原則----採用成本基礎

存貨成本＝購價-現金折扣＋其他費用（進貨運費、保險、稅捐、採購、驗收、倉儲等費用）*注意：銷貨運費則於營業費用。

（二）例外----在原始成本難以取得確切的資料時，採用淨變現價值。

1.淨變現價值＝售價－推銷費用

2.可按淨變現價值評價之項目
（1）具保證價格之農、礦產品。
（2）殘（廢）料、損壞品。

存貨盤存制度

期末時，必須就期末存貨的正確性作計算。存貨的計價包括兩部分，一為存貨單位成本，一為存貨數量。其中，數量的計算方式有二，分別為定期盤存制與永續盤存制。

（一）定期盤存制度----又稱實地盤存制。
1.進貨以「進貨」科目記錄。

2.平時進、銷不記存貨帳及銷貨成記帳。

3.期末實地盤點才確定存貨量，故是透過期末存貨的盤點，才能得知銷貨成本。

（二）永續盤存制度

1. 進貨時以「存貨」科目記錄。

2. 平時進、銷即記入「存貨」帳及「銷貨成本」帳

3. 透過銷貨成本，即可得知期末存貨。

情 況	定期盤存制	永續盤存制
（1）進貨	進貨XXX	存貨XXX
	現金XXX	現金XXX
（2）銷貨	現金XXX	現金XXX
	銷貨收入XXX	銷貨收入XXX
	*定期制下， 銷貨時不處理 存貨科目	銷貨成本XXX 　　存貨　XXX
（3）期末盤點 （設帳上存貨比實地盤存短少）	---------- 　存貨　XXX	存貨盤虧XXX
（4）年結轉	存貨（期末）XXX	（平時就已轉入銷貨成 本，期末不用再做）
	銷貨成本　　XXX	
	進貨　　　XXX	
	存貨（期初）XXX	

存貨錯誤之影響（假設採定期盤存制）

　　在這小節中，我們要看若是進貨或者是期末存貨記錄錯誤，在損益表和資產負債表上，造成什麼影響。

　　＊會影響當年度和下年度的報表，但是到了第三期即沒有影響。

　　各種存貨記錄錯誤之影響

狀況	資產負債表			損益表	
	資產	負債	業主權益	當年淨利	下年度淨利
進貨正確，但存貨低估	-	0	-	-	+
進貨正確，但存貨高估	+	0	+	+	-
進貨多計，未包括於存貨	0	+	-	-	+
進貨少計，未包括於存貨	-	-	0	0	0
進貨多計，但已包括於存貨	+	-	+	+	-

　　0：無影響　＋：高估　－：低估

成本流動假設

　　以下所提各個成本法，是為了決定存貨單位成本，進而決定銷貨本。

　　＊為求前後財務報表可以互相比較，宜在選定計算方式後，作為長期且一致性的使用。

（一）個別識別法：即按每個商品個別來認定成本。適合單價高、數量少的商品。

（二）先進先出法：以先購入的商品先出售為假設，來認列存貨的單位成本。例如，第一批買入100件@$10（每件10元之意），第二批150件@$13，第三批90件@$15，期末結算時，發現期末存貨剩130件。在先進先出法的假設下，賣出的為第批的100件，和第二批的110件。所以銷貨成本的計算為：$10×100件+$13×110件。

＊在定期和永續盤存制度下，以先進先出法，計算出的銷貨成本金額一樣。

＊先進先出法計算存貨的方式，最接近市價。因為早期的存貨層次，已算入銷貨成本。所以，留下的層次，為較近期購買的層次。

（三）後進先出法：以上例，在後進先出法的假設下，賣出的為最後一批（即第三批）的90件，和第二批的120件。所以銷貨成本的計算為：$15×90件+$13×120件。

（四）平均法

1.加權平均法（適用於定期盤存制）

加權平均＝可供銷售商品總成本／可供銷售商品總數量

2.簡單平均法（適用於定期盤存制）

簡單平均單位成本＝期初存貨單位成本＋各次進貨單位成本／進貨次數+1

3.移動平均法（適用於永續盤存制）

移動平均單位成本＝進貨後總存貨成本／進貨後總存貨數量

期末存貨＝最後一次進貨計算的平均單位成本×期末存貨數量

先進先出法與後進先出法租稅效果之比較：

物價上升時，採用後進先出法，會使銷貨成本較高，則淨利較少，所以所得稅會較少，具有節稅的效果。

物價下跌時，採用先進先出法，會使銷貨成本較高，則淨利較少，所以所得稅會較少，具有節稅的效果。

成本市價孰低法

■ 基於會計穩健原則,來記錄成本與市價的關係。

　　指當存貨現在的市價低於原來購入的成本時,即以市價作為評價的基礎,將存貨的成本降低至市價,並且承認跌價損失。若市價高於成本,則仍維持原來的成本,此乃基於穩健原則。成本可按前述各種成本法來認定存貨。但注意,若採用後進先出法,就不得再採成本市價孰低法。

　　市價的決定:市價指重置成本,或淨變現價值。
　　重置成本指重新買入相同存貨所需花費的成本。淨變現價值,指存貨的估計售價減製造成本及推銷費用。我國會計準則規定,市價可採任一種,唯前後年度應一致。

▶ 美國GAAP與國際合計準則對成本市價孰低法之定義

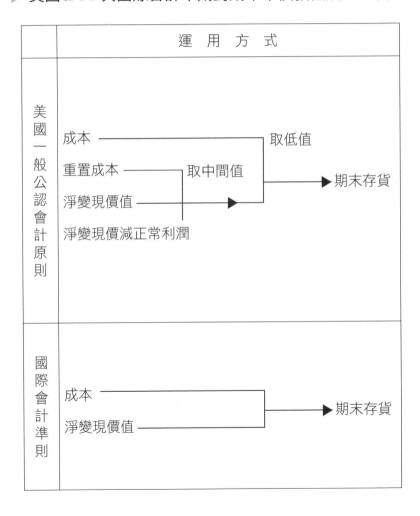

（一）毛利法

1.適用情況：

（1）查核存貨計價之合理性。

（2）定期盤存制下，因為平時並無銷貨成本帳，編製期中報表時適用。

（3）因火災或天然災害時，估計存貨損失。

2.計算方式：

（1）推算今年的銷貨毛利：根據過去的銷貨毛利率（銷貨毛利率／銷貨淨額），來推算今年的銷貨毛利。

今年估計銷貨毛利＝今年銷貨淨額×去年銷貨毛利率。

（2）求得估計之銷貨成本：從今年的銷貨淨額中減去估計的銷貨毛利（銷貨淨額－銷貨成本＝銷貨毛利）得估計的銷貨成本。

估計銷貨成本＝銷貨淨額－估計的銷貨成本

（3）得期末存貨：再從今年可供銷售總成本中，減去估計銷貨成本，即可得期末存貨。

估計期末存貨＝可供銷售總成本－估計銷貨成本

（二）零售價法

1.意義：根據成本與零售價之間的比率，乘以期末存貨的零售價，以估計期末存貨的成本。

2.適用狀況：適用於零售業，加速期末存貨之盤點。

3.特點：
（1）便於期中報表編製。
（2）加期末存貨之盤點。
（3）簡化帳務處理程序。

4.名詞：
（1）原始售價：商品最早訂定之銷售價格。
（2）加價：原始售價與成本之差額。
（3）再加價：新售價較原始售價增高之部分。
（4）再加價取消：酬加價後？價，但未低於原始售價之下。
（5）淨再加價：再加價－再加價取消。
（6）減價：售價降低至原始售價以下的部分。
（7）減價取消：減價後回升，但不高原始售價之上。
（8）淨減價：減價－減價取消。

5.步驟：

（1）求算可銷商品的成本和零售價記錄期初存貨與進貨之成本及零售價，並調整加價和減價。

（2）求算成本比率。

$$\frac{可銷商口總成本}{可銷商品總零售價}$$

（3）求算期末存貨零售價

可銷商品零售價－已售商品零售價＝期末存貨零售價

（4）算出估計期末存貨

期末存貨零售價×成本比率＝估計期末存貨

6.毛利法與零售價法之比較：

	毛利法	零售價法
根據：	以前年度	本期
得出：	毛利率	成本率
先求算：	銷售成本	期末存貨

7.種類：

方法	成本率之計算	期末存貨
（1）平均成本零售價法	期初與進貨混合計算	期末存貨零售價×成本率
（2）先進先出零售價法	分別計算期初存貨與進貨之成本率	按先進先出法判斷期末存貨之層次，再乘以適當之成本率
（3）後進先出	同（2）	按後進先出法判斷期末存貨零價法之層次，再乘以適當成本率
（4）成本市價孰低法	（計算時不考慮淨減價，故成本比率較小）	
A.平均成本與市價孰低零售價法（傳統零售價法）	期初存貨與進貨混合計算	期末存貨零售價×成本率
B.先進先出成本與市價孰低零售價法	期襪存貨與進貨分別計算成本率	先按先進先出判斷存貨層次再乘以適當之成本率

8.特殊項目處理：

（1）進貨運費：進貨成本加項，但不包含在零售價中

（2）進貨折扣及讓價：進價成本減價，但不包含在零售價中。

（3）進貨退出：退出商品之成本，及零售價皆除。

（4）非常損耗：在計算可售商品前之成本，及零售價均減除。

（5）正常損耗：應視同銷貨，自可售商品零售價下減除。

（6）銷售淨額：只能減退回部分。

（7）特別折扣：應視銷貨，自可售商品零售價下減除。

9.零售價法之處理：

期初存貨	XXX	XXX
進貨	XXX	XXX
進貨運費	XXX	XXX
進貨退出	（XXX）	（XXX）
進貨折讓	（XXX）	（XXX）
非常損耗	<u>（XXX）</u>	<u>（XXX）</u>
淨加價	-	XXX
淨減價	-	<u>（XXX）</u>
可銷商品	<u>$XXX</u>	
正常損耗		（XXX）
銷貨淨額		（XXX）
特別折扣		（XXX）
期末存貨－零售價		<u>XXX</u>

Part 2

資產、負債與
現金流量表

營業資產 之**有形資產**

■ 營業資產指專供營業使用，而不以出售獲利為目的之資產。

一、固定資產

（一）意義與特性

1.供營業使用，有實體存在，且實體不會因為使用而發生變化顯著損耗者。

2.特性：有實體存在；供營業使用；非作為投資或出售之用；具有未來之經濟效益；耐用年限一年以上。

舉例：

（1）供未來與建廠房之地，屬長期投資。

（2）建設公司供出擔之地，屬存貨。

（3）準備報廢的資產，屬其他資產。

（4）已提列折舊完畢，但仍使用的資產，屬固定資產。

（二）固定資產的原始成本認定（原始評價）－成本原則

1.取得成本的內容

固整資產取得時，應以所支付的成本為入帳基礎。即為達到可使用狀態的所有支出，都算入成本。

（1）土地：包括

① 購價及其附加支出，過戶、稅捐、佣金等。

② 使用前整理支出，整地、地上拆除物。

③ 政府課徵之工程受益費。

（2）房屋：包括

① 購價及其附加支出。

② 自行建造者，包括完成建築之一切成本。

＊為了建新屋，而拆除舊屋的費用，要放入舊屋的損益中，而非新屋成本。

③ 使用前預期之整修支出。（非預期中的整修費用，列為損失）

（3）機器設備：包括購買、運費、保險、安裝等支出。

＊購買的第一次稅捐，列為成本。但往後定期課徵的稅捐，則列為費用。

2.取得成本的衡量：

（1）現金購買：按支付現金入帳。若有現金折扣，無論取得與否，均應扣除於成本之外。（若有現金折扣，但未享受到，應列為費用或損失）

（2）延遲付款購買：應按現值或公平市價來認列成本。

（3）整批購買：將成本按相對市價比例分攤至各項資產。

例：購買三部機器，共支付$120,000，三部機器的市價各為A機器$40,000，B機器$60,000，C機器$50,000。則各機器所分攤到的成本為

$$A：\$120,000 \times \frac{\$40,000}{\$40,000+\$60,000+\$50,000}$$

B：$120,000 × $\dfrac{\$40,000}{\$40,000+\$60,000+\$50,000}$

C：B：$120,000 × $\dfrac{\$40,000}{\$40,000+\$60,000+\$50,000}$

（4）發行證券交換：原則上按資產或證券交易當時之公平市價，較客觀明確者入帳。

（5）受贈資產：當公司收受別人贈與之資產時，按接受當時的公平市價入帳。

無條件受贈時，分錄為：

土地　XXX

　　資本公積－受贈　XXX

（6）資產抵換：（例如以A換入B）

① 相異產交換：

視為出售A，再買入B，為兩項獨立的交易。換入的B資產，以公平市價入帳。並承認處份損益。例如，甲公司以成本$120,000，累計折舊$50,000之舊機器，換入市價$80,000的電腦乙部，分錄如下：

電腦設備　80,000
累計折舊　50,000
　　　機器　　120,000
　　處分利益　10,000

　　② 相似資產交換：換入的B資產視為舊機器使用的延續，所以，B機器以A機器的帳面值入帳（成本－累計折舊），但不得超過A機器的公平市價，且不承認處分利益。

　　例如，以A機器（成本$100,000累計折舊$35,000市價$60,000）換入B機器，分錄如下：

累計折舊-A	機器35,000	
機器B	60,000	
處分損失	5,000	
	機器A	100,000

　　雖然，A機器的帳面值為$65,000，但是由於A機器的公平市價為$60,000，所以B機器只能認列$60,000，餘列為處分損失。

（三）成本之分攤－折舊

1.折舊的意義：折舊是一種成本分攤的程序，並非是資產價的程序，符合配合原則。

2.計算折舊的要素：成本、殘值、耐用年限、折舊方法。

3.折舊方法，如下

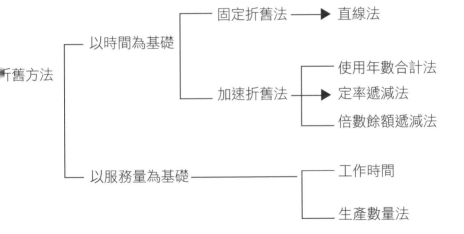

（四）固定資產之處分-出售、報廢

1. 處理程序及分錄

（1）先提列至處分日之折舊費用。

折舊費用　XXX
　　累計折舊　XXX

（2）沖銷處分資產的原始成本及累計折舊。

記入取得資產（或現金）的金額。

借貸差額即為處分損益，列入營業外損益。

▶ 折舊方法的計算

折舊方法	折舊率（r）	折舊額
直線法	$\dfrac{1}{\text{耐用年數（n）}}$	（成本－殘值）×r
年數合計法	$\dfrac{n-t+1}{n（n+1）/2}$ t：第七年之折舊	（成本－殘值）×r
定率遞減法		期初帳面值×r
倍數餘額法	$\dfrac{2}{\text{耐用年限}}$	期初帳面值×r
工作時間法	$\dfrac{\text{成本－殘值}}{\text{估計總工作時間}}$	當期工作時間×r
生產數量法	$\dfrac{\text{成本－殘值}}{\text{估計總生產量}}$	當期生產量×r

營業資產
之無形資產

■ 對企業來説，發展無形資產可以提高高利率。

一、天然資源

（一）成本認定：依據成本原則，為達可開採狀態前一切合理必要之支出，皆計入成本。其中，礦藏的探勘成本認定，有全部成本法，即不論探勘有無成功，成本皆計入，和採勘成功法（即探勘成功者，成本才資本化，否則作費用處。

（二）折耗：天然資源的成本分攤，稱為折耗。

（三）開採設備之折舊年限：

1.用於開採天然資源的機器設備，若於該天然資源開採完畢後，可移作它用，則按它的耐用年限提列折舊。

2.反之，若不可移作它用，則按開採年限及機器設備耐用年限，取短者提列折舊。

二、無形資產

（一）特性

1.無實體存在。

2.有排他專用權。

3.具有未來經濟效益。

4.供營業上使用。

5.效益超過一年以上。

（二）種類

1.有一定年限，可明確辨認者：特許權、版權、專利權、商標權。

2.無確定年限，不能明確辨認者：商譽。

（三）成本認定

1.外購：若此無形資產是向外購買者，則以實際支付的代價認列成本。

2.自行發展者：可分辨為研發某項資產時之支出，認列為該資產的成本。反之，無法分辨歸屬時，列為費用處理。

（四）成本之分攤－攤銷

1.範圍及年限：所有無形資產，不論有無年限，均須攤銷。我國GAAP（一般公認會計原則）規定，最長年限不得超過20年。

2.分錄：攤銷費用　XXX

　　　　　　無形資產　XXX

　＊殘值一律為零，且沒有累計科目

（五）無形資產的型態

1.開辦費：從公司開始籌設，到公司成立期間，所發生之相關必要支出。研究發展成本：研發的未來效益不確定者，當費用處理。未來收益可確定者，其成本可資本化。

2.專利權：專利權是政府給予發明者，於一定期間內，得排除他人模仿、製造之權利。專利權的攤銷年限，按法定年限（20）／經濟年限，取較短者。

3.商譽：

（1）定義：

① 商譽係指企業超額獲利能力的價值。即企業預期未來利潤超過同業正常利潤的部分。

▶ 營業資產的兩大分類

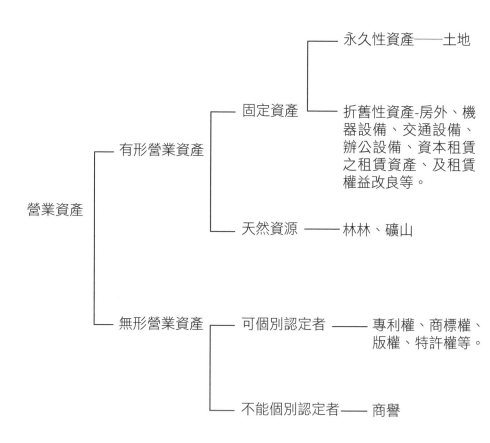

營業資產
├─ 有形營業資產
│   ├─ 固定資產
│   │   ├─ 永久性資產——土地
│   │   └─ 折舊性資產-房外、機器設備、交通設備、辦公設備、資本租賃之租賃資產、及租賃權益改良等。
│   └─ 天然資源——林林、礦山
└─ 無形營業資產
     ├─ 可個別認定者——專利權、商標權、版權、特許權等。
     └─ 不能個別認定者——商譽

② 商譽只有在向外合併盤購企業時，才可認列入帳；若自行發展之商譽，不得認列。

（2）商譽之估算：
① 估計未來每年平均盈餘。

② 確定企業淨資產之公平市價。

③ 選擇適當之報酬率。

④ 計算每年之超額盈餘①－②×③

⑤ 商譽計算方式有：
a. 盈餘倍數法：按超額盈餘之若干倍。
b. 超額盈餘資本化法：（預期平均盈餘－正常盈餘）÷報酬率。
c. 折現法：按每年的超額盈餘折算現值。

長期投資 與短期投資

■ 企業上的財務投資可分為長期投資和短期投資。

短期投資

（一）定義：

係指企業將資金投資於公債、公司債、商業票據、可轉讓定期存單、股票等。並且要同時符合以下兩項條件；

1.具有變現性，可隨時出售而不致蒙受重大損失。

2.投資的目的並非意圖控制被投資公司，或與其建立業務關係。

（二）評價原則

1.原始評價：以成本為入帳基礎，成本包括購買價格，及其他買入所發生之一切合理必要支出。例如，佣金、稅捐。

2.續後評價：以成本市價孰低法。

（1）權益證券：採總額比之成本與市價孰低法。

① 當市價＜成本時，需承認「短期投資未實現跌價損失」，屬於損益表中的營業外損益科目。並設置「備抵短期投資跌價損失」，屬短期投資減項。

② 當市價回升時，在已承認的備抵跌價損失的範圍內，承認回升利益，科目為「短期投資未實現增值利益」。

（2）債權證券：採傳統的成本市價孰低法，即個別比較法

① 跌價時，承認「短期投資跌價損失」。

② 市價回升時，不承認回升利益。

3.股利及股息

（1）權益證券的股利

① 股票股利與股票分割，僅作備忘記錄，不作分錄。

② 現金股利，投資當年度之現金股利，視為投資之退回。

現金　XXX
　　短期投資－股票　XXX

往後其它年度的現金股利，則列為投資收益。

現金　XXX
　　股利收入　XXX

（2）債權證券的股息：短期投資－權益證券的折溢價，無須攤銷。

現金　XXX
　　利息收入　XXX

4.出售

（1）權益證券：以原成本與售價比較，計算處分損益。備抵跌價損失至期末再行調整。

（2）債權證券：以新成本與售價比較，認列處分損益，即備抵跌價損失一併轉銷。

長期投資

（一）定義：符合以下三項之一

1.無公開市場或明確市價者。

2.意圖控制被投資公司或與其建立密切業務。

3.因契約、法律或自願性累積資金，以供特殊目的或用者，如基金。

（二）原始評價

1.依據成本原則。所謂成本包括買價及必要之支出。如交易稅、佣金、手續費。

2.若一次同時購買二種以上證券，應以相對市價來分攤各證券成本。

（三）續後評價

1.購買股票時，若購買日在股利宣告日與停止過戶日間，已宣告股利部分應借記「應收股利」，不得列為投資成本。

2.長期債券投資不設立折溢價科目，但應攤銷。（短期不用攤銷）

（1）攤銷方式有直線法和利息法。

3.期末評價

（1）權益證券

① 對被投資公司無影響力（持有被投資公司之特別股，或持有普通股總數坊達20%）

-上市公司：採成本市價孰低法

-非上市公司：採成本法（因為沒有明顯市價可評比）

②　對被投資公司有影響力（持有被投資公司普通股總數20%～50%）：採權益法

③　對被投資公司有控制力（持有被投資公司普通股總數50%以上）：採權益法，曾編合併報表。

（2）債券：採成本法

每年年底不認列跌價損失（短期債券投資要認列），但須承認已實現未認列的利息收入。

基金

（一）意義

1.基金係因特殊目的或原因而提撥之資產，例如擴建廠房基金，償債基金皆屬之。

2.提撥的基金由於不能供正常營業使用，所以不得列為流動資產，而應屬於長期投資。

（二）會計處理程序

1.提撥基金

償債基金－現金　XXX

　　現金　　　　　　XXX

2.以基金購入證券投資

償債基金－投資　XXX

　　償債基金－現金　　XXX

3.收到投資收益

償債基金－現金　XXX

　　償債基金收益　　　XXX

4.支付基金費用

償債基金費用　　XXX

　　償債基金－現金　XXX

5.出售投資

償債基金－現金　XXX

　　償債基金－投資　　XXX

6.償還公司債

應付公司債　　　XXX

　　償債基金－現金　　XXX

7.結束基金

　　現金　XXX

　　償債基金－現金　　XXX

▶ 成本法與權益法

	成本法	權益法
（1）購入股票： 　　以成本入帳	長期投資　XXX 　　現　金　XXX	長期投資　XXX 　　現　金　　XXX
（2）被投資公司 　　宣布淨利	無分錄	長期投資　XXX 　　投資收益　XXX
（3）被投資公司 　　發放股利	現金　XXX 　　股利收入　XXX （投資當年度的股 市視為投資收回）	現　金　XXX 　　長期投資　XXX
（4）期末評價	不考慮市價下跌， 除非發生永久性跌 損失，才承認已實 現跌價損失。	同左

負債

■ 因過去交易或其他事項所產生之經濟義務，須於
未來以支付經濟資源或提供勞務償還者。

負債的分類

（一）流動負債：

1.須在一年或一個營業週期內，以流動資產或產生
新的流動負債來償還之負債。

2.以面值（至期值入帳）。（符合穩健與重要性原
則）

（二）長期負債

1.無須在一年或一個營業週期內（取較長者），以
流動資產償付之債務。

2.但在一年內到期部份，不列作流動負債的情況有
下二者：

（1）以償債基金來償付者，
（2）預期再融資。

3.長期負債以現值入帳。

流動負債

（一）確定負債；金額確定者。
1.應付帳款
2.應付票據
3.長期負債一年內到期部分
4.應付股利
5.應計負債
6.預收收益

（二）估計負債；金額不確定，可合理估計者。
1.產品保證負債
2.贈品負債

（三）或有負債；基於過去的情況，此一情況的最後結果不確定，有賴於未來事項的發生或不發生來加以證實。

或有事項中，唯一要入帳的為：① 很有可能發生，② 金額可合理估計之或有損失。

或有事項	可能性		處理方式
或有損失	很有可能	金額能合理估計	應入帳
		金額不能合理估計	無法入帳，應附註揭露。
	很有可能		不入帳，應附註揭露。
	極少可能		得揭露
或有利得	很有可能		不入帳，應附註揭露。
	有可能		不入帳，可附註揭露。
	極少可能		不入帳，亦不揭露。

一、長期負債；應付公司債

（一）發行價格之決定

將價券未來各期之現金流量，按市場利率折算現值，即為螢行價格。

1.若票面利率＞市場價格－＞溢價發行

分錄：

現金　　XXX

　　應付公司債　XXX

　　公司債溢價　XXX

2.票面利率＝市場價格－＞平價發行

分錄：

現金 XXX

　應付公司債 XXX

3.票面利率＜市場價格－＞折價發行

分錄：

現金 XXX

公司債折價 XXX（應付公司債減項）

　應付公司債 XXX

（二）折溢價攤銷

1.一次到期公司債；有直線法及實利率法

2.分期還本公司債；直線法、流通債券法及實利率法。

3.分錄

（1）溢價攤銷

　　公司債溢價 XXX

　　　利息費用 XXX

（2）折價攤銷

　　利息費用 XXX

　　　公司債折價 XXX

（三）發行成本之處理：應作遞延費用，再平均分
攤於債券期間。

發生時：遞延公司債發行成本　XXX
　　　　　　現金　　　　　　　XXX

攤　銷：公司債發行費用　XXX
　　　　　　遞延公司債發行成本　XXX

（四）公司債利息

1.年終調整分錄

利息費用　XXX
　　應付利息　XXX

2.發放利息

利息費用　XXX
應付利息　XXX
　　現　金　XXX

（五）公司債清償

1.提前償付：先調整利息、折溢價、發行成本；將
公司帳面值沖銷;並認列提前清償損益（屬非常損益）。

2.到期清償：

應付公司債　XXX
　　現金　　　XXX

合夥會計

■ 所謂合夥即是二人以上互約出資以經營共同事業之契約。前項出資得以金錢或他物，或以勞務代之。

合夥企業的特質

（一）合夥人互為代理人

（二）負連帶無限責任

（三）合夥之財產共有

（四）合夥損益之分擔，以合夥契約所定者為準。

（五）限制合夥人權利轉讓（非全體同意者，不得轉讓）。

合夥之設立

按投入資產或勞務之公平市價入帳。合夥與公司會計最大的不同，在於權益部分，合夥之權益包括合夥人的資本，以及合夥人往來。而公司權益項目，則包括股本、資本公積及保留盈餘。

合夥損益之分配

如果合夥契約未規定損益分配方式。依我國民法債篇規定，應按合夥人的出資額比例分配。一般而言，約可有下列幾種方式

（一）按固定比例分配
1.平均分配。
2.按娛一固定比例分配。

（二）按資本額比例分配
1.按期初資本額比例分配。
2.按期末平均資本額分配。
3.按加權平均資本比例分配。

（三）優先分配某此項目後，餘額再按上述方法分配

1. 優先支付合夥人薪資或獎金。
2. 優先支付合夥人資本之利息。

新合夥人入夥

（一）條件與責任

在全體合夥人同意之下，新合夥人對入夥前後債務均須負責任。

（二）入夥方式（二種）

1. 轉讓入夥

不論合夥人私下交易金額為多少，一律按帳面資本額，由舊合夥人讓與給新合夥人。

2. 直接投資方式入夥

將原合夥淨資產重新評價，調整到公平市價，並分配重估損益給原合夥人。情況可分三種：

例如：甲乙丙三人合夥開設公司，甲出資$40,000，乙出資$20,000，丙出資$20,000，損益分配按出資比例。現丁欲入夥，大家同意入夥，試討論下列三種情況：① 丁投入現金$20,000取得夥權1/5；② 丁投入現金$24,000

取得1/5夥權；③ 丁投入現金\$16,000取得1/5。

（1）投資金額＝取得夥權

現金　24,000

丁合夥人資本　　20,000

（\$40,000＋\$20,000＋\$20,000＋\$20,000＝\$100,000

\$100,000×1/5＝\$20,000）

（2）投資金額＞取得夥權：處理方式有紅利法和商譽法。

紅利法

現金　24,000

　　　丁合夥人資本　20,800

　　　甲合夥人資本　1,6000

　　　乙合夥人資本　　800

　　　丙合夥人資本　　800

（\$80,000＋\$24,000＝\$104,000

\$104,000×1/5＝\$20,800

…比例分攤給甲乙丙）

商譽法

現金　24,000

　　　丁合夥人資本　24,000

商譽　16,000

　　　甲合夥人資本　8,000

　　　乙合夥人資本　4,000

　　　丙合夥人資本　4,000

① 丁合夥人資本以其投入現金入帳。

② 以新合夥人投入之金額和比例換算合夥合部之公平市價。丁入夥後全部夥權應為\$24,000÷1/5＝\$120,000

③ 與合夥帳上之淨資產相比較：總投入資本為\$80,000＋\$24,000＝\$104,000

④ 差額承認商譽，丁的合夥有商山存在\$120,000－\$104,000＝\$16,000按出資比例分給甲乙丙三人。

（3）投資金額＜取得夥權：紅利法和商譽法。

紅利法	商譽法

現金　16,000　　　　　　　　　現金　16,000

甲合夥人資本　1,6000　　　　　　　　　　丁合夥人資本　16,000

乙合夥人資本　　800　　　　商譽　4,000

丙合夥人資本　　800　　　　　　　　　　丁合夥人資本　4,000

　　　丁合夥人資本　19,200

（$80,000+$16,000）×1/5=$19,200　（表示新合夥人本身有商譽，）
　$19,200-$16,000=$3,200由原合夥　① 依原合夥人之夥權算公平市
　人比例減少夥權。）　　　　　　　　　價：$80,000÷4/5=$100,000。
　　　　　　　　　　　　　　　② 計算新合夥人應取得之權
　　　　　　　　　　　　　　　　益：$100,000×1/5=$20,000
　　　　　　　　　　　　　　　③ 與與其投入現金相比較，差額承認
　　　　　　　　　　　　　　　　譽，並算入丁之資本。）

合夥人退夥

（一）條件與責任

　　在全體合夥人同意之下，退夥人僅對退夥前債務負責。

（二）退夥方式

1.轉讓退夥

按帳面資本額直接轉給承受合夥人。

2.直接退夥

（1）先將原合夥資產重新評價，調整至公平市價，並將重估，分給原合夥人。

（2）按約定條件支付舊合夥人退夥之金額，情況可分為三種：

　　① 兩者相等時，可直接沖銷。

　　② 支付額＞帳列資本額時

　　有全部商譽法、部分商譽法、紅利法。

　　③ 支付額＜帳列權益時：採紅利法。即不足額給付部分，視為合夥人給予剩餘合夥人之紅利，由剩餘合夥人按原損益分配比例認列。

一、合夥清算

（一）清算的意義與程序

1.意義：所謂清算，是指將企業結束，出售資產、清償債務及分配剩餘財產給合夥人的行為。

2.清算的程序

（1）結算當期損益。

（2）出售非現金資產。

（3）清償負債。

（4）分配損益。

（5）若尚有餘額，則分配現金給合夥人;若有不足，則由各合夥人負連帶無限清償責任。

（二）清算的方法：

1.一次清算：將全部資產變現完畢後，再一次償還負債及分配現金。

2.分次清算：將產資分次清償，逐次分現金。

小知識

新創公司設立時，建議先以合夥方式開始。

公司會計

■ 包含股東權益、股本、每股盈餘、資本公積都是屬於公司會計的內容。

（一）股本的種類

1.普通股：當公司險發行一種股票，其股東為公司經營利益之最後享受人，亦為經營風險之最後承擔人，此種股票稱為普通股。

2.特別股：股票除普通股之外，另外發行其他種股票，期股票在某些權利方面，較普通股股東享有優先權，或受有限制者，稱為特別股，可分為：

（1）盈餘分配特別股：依股利的發放分為累積、非累積、完全參加、部份參加及非參加。

（2）可贖回特別股：公司可依特定價格贖回。

（3）可轉換特別股：股東可依轉換價格與比率換成普通股。

（二）股本發行之會計處理

1. 現金發行

（1）確定股本總額並核准時做備忘記錄，或

未發行普通股　XXX（普通股股本減項）

普通股股本　　XXX

（2）認購時

應收股款　XXX

已認購普通股股本　　　　XXX

資本公積-普通股發行溢價　XXX

（3）收取股款

現金　XXX

應收股款　XXX

（4）發行股票：股款全部繳足時，應辦理設立登記，並於登記後三個月內發行股票。

已認購普通股股本　XXX

普通股股本　　XXX

2. 二種以上證券合併發行

若有兩種（以上）的證券合併發行，無法單獨分辨發行所得價款。此時，應將發行總價分攤於各證券，以

決定其個別之溢、折價，其分攤方式如下：

（1）按相對市價分攤；用於兩種證券皆有市價時。

（2）按某一證券市價作標準；用於兩種證券之一有市價時。

（3）按相對面值分攤；用於兩種證券皆無市價時。

  3.非現金發行：當公司以發行股票來交換非現金資產或勞務時，應以投入資產或勞務之公平市價，或股票之公平市價，其中較額觀明確者入帳。

＊攙水股：當換入資產或炎務之價值遭到高估時，則股票之發行價格亦跟著虛列。

＊秘密準備：當換入資產或勞務之價值遭到低估時，則股票亦跟著低列，亦即部分股東權益遭到隱藏，而未顯示於帳面上。

投入資本變動

（一）庫藏股

1.意義：係指公司將自己已發行在外的股票，再收回，且尚未註銷的股票。

2.會計處理：分為成本法及面值法。

（1）成本法：收回（買入）庫藏股時，即意圖再賣出。故買入時，將全部成本借記「庫藏股」，出售時，再加以沖銷。

（2）面值法：買入時，則以面值借記「庫藏股」，買入成本與面值差額，分別做損失（轉入保留盈餘）或利得（轉入資本公積）處理。再出售時，視為重新發行。

3.財務報表之表達

成本法

股本	XXX
資本公積	XXX
保留盈餘	XXX
減：庫藏股（按成本）	（XXX）
股東權益總額	XXX

面值法

股本	XXX	
減：庫藏股（按成本）	（XXX）	XXX
資本公積		XXX
保留盈餘		XXX
股東權益總額		XXX

（二）股票分割與股票股利的比較

項目	股票股利	股票分割
目的	盈餘資本化	股票流通
會計處理	作正式分錄	作備忘錄
① 股本總額	增加	不變
② 流通在外股數	增加	增加
③ 每股面值① ÷②	不變	減少
④ 保留盈餘	減少	不變
⑤ 股東權益總額① ＋④	不變	不變

資本公積

（一）定義：凡股東或他人繳入公司，超過法定資本之部分，皆屬之。

（二）項目：（公司法規定）

1. 超過票面金額發行股票所得之溢價。

例如：以每股$14發行票面為$10的普通股1000股，分錄如下：

現金 14,000
　　　普通股股本　　　　　　　　10,000
　　　資本公積－普通股溢價　 4,000

2. 資產重估淨增值。

3. 處分資產溢價。

4. 受贈。

保留盈餘

（一）意義：係指公司歷年來累積的純益，減除以現金或其他資產方式分給股東者，以及轉為本或資本公積者。

（二）內容：

```
          ┌─ 法定公績：依公司規定，每年應提撥稅後盈餘10%
          │              作為法定盈餘公積。
    ┌─ 受限制
    │     │                          ┌─ 契約規定：某些借款合約規定應提列
    │     │                          │              「償債基金備」。
    │     └─ 特別盈餘公績 ─┤    ＊注意：「償還基金準備屬股東權科
    │                          │    目：「償還基金」屬資產科目。
    │                          │
    │                          └─ 自願性：公司為某特定計畫，而提盈
    │                                          餘準備，如「擴充廠房準
    │                                          備」
    └─ 未受限制：未分配盈餘
```

（四）減變動因素
　　　保留盈餘增減變動

減項（借方）

（1）本期純益；

（2）股利分配；

（3）庫藏股交易損失。

加項（貸方）

（1）本期純益；

（2）特殊重大會計原則變動；

（3）前期損益調整；

（4）以資本公積或資本彌補虧損。

（五）股利

1.意義：股利乃指公司將經營利益分派給股東的部分。

2.股利種類：

（1）現金股利

　　① 宣告時　保留盈餘　XXX

　　　　　　　　　　應付股利　XXX

　　② 發放時　應付股利　XXX

　　　　　　　　　　現金　　XXX

（2）財產股利：以非現金資產，作為股利分配，以其公平市價為入帳基礎。

（3）清算股利：公司無盈餘，而以現金或財產分配股利。（我國法令並不准許）

（4）股票股利：以公司股票作為股利分配，實質上的意義為盈餘轉增資。

① 小額股票股利：股票股利佔流通在外股份20%以內，按市價入帳。

宣告日：

保留盈餘（市價×股數）　　　XXX

　　應分配股票股利（面額部分）XXX（股東權益項下）

　　資本公積（市價與面額差額部分）　XXX

② 大額股票股利：股票股利流通在外股份20%以上，按面額入帳。

保留盈餘（市價×股數）　　　　XXX
應分配股票股利（面額部分）　　XXX（股東權益項下）
發放日：
應分配股票股利　XXX
　　　普通股股本　XXX

＊畸零股：當分配股票股利，股東可能配得不足一股時，可依市價發給現金，或發認股權，由股東自行轉讓處理。

3.特別股股利之計算
（1）累積：之前年度積欠的股利應予補發。
（2）非累積：年度盈餘不足分配股利，以後年度不得補發。
（3）全部參加：除分享基本股利外，還可參與普通股所分的盈餘。
（4）部分參加：參與普通股的股利分派，至某一特定比例為止。
（5）非參加：優先股僅得分享基本定額股利。

每股盈餘

（一）意義：計算當期普通股每股所賺得的純益。

（二）公式
簡單每股盈餘＝（淨利－特別股股利）÷普通股流通在外加權平均股數

1. 特別股股利：
   （1）若為累積特別股，① 當年度股利不論是否宣告要發放，都應從淨利中減除。② 當年度發生虧損者，該年累積特別股股利仍應列入計算。此亦將使普通股每股損失加大。③ 以前年度積欠股利不減除。因為，以前年度的股利已於每年減除過，所以不再重覆減除。
   （2）若為非累積特別股，以當年度股利宣告才減除；沒有宣告的，則無須減除。

2. 加權平均股數：
   要按股票在外流通的期間，作比例加權平均。例如期初為10,000股，4/1又發行2,000股，則今年流通在外加權平均股數為10,000×12/12

   $$+2,000×9/12=11,500（股）$$

（三）報表上之表達

在損益表上，每股盈餘應按列計非常項目前純益、非常項目、及本期純益，分別列計。

XX公司

損益表

西元XX年度

本期純益　　　　　　　　$36,225

普通股每股盈餘：

　　列計非常項目前之純益　$3.96

　　非常損失　　　　　　　（0.81）

　　本期純益

　　　　　　　　　　　　　$3.15

（假設普通股流通在外加權平均股數115,500股）

Part 3

財務報表簡介

財務報表分析

■ 財務報表包括資產負債表、損益表、現金流量表和業主權益變動表。

（一）財務報表主要包括

1.資產負債表：顯示企業某一特定日之資產、負債、業主權益之財務狀況。

2.損益表：顯示企業在某一會計年度期間的經營成果。

3.現金流量表：係報導企業在某一會計期間內，現金流入、流出之來源與使用狀況。

4.業主權益變動表（或保留盈餘表）：顯示企業在

某一會計期間內，業主權益之增減變動情形。

（二）財務分析之目的
　　財務分析是從過去的財務報表資料中，尋找有用的資訊，藉以評估企業過去的經營績效及財務狀況，以預測未來發展趨及獲利能力。

（三）比率分析

1.短期償債能力分析（流動性分析）

（1）流動比率：流動資產÷流動負債

（2）速動比率（酸性測試比率）：速動資產÷速動負債

（3）速動產＝流動資產－存貨－預付費用

2.活動力分析（經營效能分析）

（1）應收帳款周轉率：賒銷淨額÷平均應收帳款

（2）應收帳款周轉期間：365天÷應收帳款周轉率

（3）存貨周轉率：銷貨成本÷平均存貨

（4）存貨平均周轉期間：365天÷存貨周轉率

（5）固定資產周轉率：銷貨淨額÷平均固定資產

（6）總資產周轉率：銷貨淨額÷平均總資產

（7）營業循環=應收帳款周轉期間+存貨周轉期間

3.長期償債能力分析（資本結構分析）

（1）負債比率：負債總額÷資產總額

（2）固定比率：固定資產÷股東權益

4.獲利能力分析

（1）每股盈餘（EPS）：
（淨利－特別股股利）÷（普通股流通在外加權平均股數）

（2）本益比：每股市價÷每股盈餘

（3）現金收益率：每股股利÷每股市價

（4）股利分配率：每股現金股利÷每股盈餘

5.企業獲利能力分析

（1）純益率：本期淨利÷銷貨淨額

（2）總資產報酬率：
　　【淨利＋利息費用×（1－稅率）】÷平均總資產

（3）股東權益報酬率：淨利÷平均股東權益

（4）財務槓桿指數：股東權益報酬率÷總資產報酬
率

現金流量表

■ 以現金之流出、流入彙總説明企業之營業、投資、理財活動。

　　現金流量表，為表達企業在特定期間有關弄金收支資訊之彙總報告。以供決策者瞭解企業營業、投資、理財之政策，評估其流動性、財務彈性、獲利能力與風險。

　　1.目的：用以評估
　　（1）未來淨現金流入之能力。

　　（2）償還負債與支付股利之能力，及向外界融資之需要。

　　（3）本期損益與營業活動所產生現金流量之差異原因。

（4）本期現金與非現金之投資及理財活動財務狀況之影響

2.編製基礎──現金及約當現金

（1）現金及約當現金：即現金及具高度流動性之短期投資。

（2）約當現金：係指同時具備下列條件之短期且具高度流動性之投資：

① 隨時可轉換成定額現金者；

② 即將到期利率變動對其價值之影響甚少者。

③ 常見之約當現金通常包括：自投資日起三個月內到期或清償之國庫券、可轉讓定期存單、商業本票及銀行承兌匯等。

現金流量表的分類

1.營業活動之現金流量

（1）營業活動之現金流量包括影響當期損益之交易及其他事項，有助於了解當期損益與營業活動淨現金流量間的差異。

2.營業活動所產生之現金流入：

① 現銷商品及勞務、應收帳款或票據收現；

② 收取利息及股利；

③ 其他非因理財與投資活動所產生之現金流入，如訴訟受償款、存貨保險理賠款等。

3.營業活動所產生之現金流出：

① 現購商品及原料、償還供對商帳款及票據；

② 支付各項營業成本及費用；

③ 支付稅捐、罰款及規費；

④ 其他非因理財與投資活動所產生之現金支出，如訴訟賠償、捐贈及退還顧客貨款。

4.例外項目：

① 理財活動所產生對息費用，與投資活動所產生之利息收入及股利收現，因列入損益表，故視為營業活動之現金流量。

② 處分固定資產、出售投資損益、提早消償債務利益雖列入損益表，但本身即為投資理財活動，不作為營業活動之現金流量。

5.計算方式：

營業活動現金流量的計算方式，分為直接法與間接法。

① 直接法

係直接列出當期營業活動中，所產生之各項現金流入、流出。即直接將損益表中與營業活動有關之各項目，由應計基礎轉換成現金基礎求算之。

② 間接法

係從損益表之「本期損益」調整：當期不影響現金之損益項目；與損益有關之流動資產及流動負債項目之變動金額；資產處分及債務清償之損益項目。以求算當期由營業活動產生之淨現金流入及流出。

③ 注意事項

a.以間接法報導營業活動之現金流量時，應於現金流量表中，補充揭露利息費用及所得稅費用之付現金額。

b.採直接法時，應以附應揭露

（a）自「本期損益」調整當期不影響現金之損益項目。

（b）與損益有關之流動資產及流動負債項目之變動金額。

（c）資產處分及債務清償之損益項目，以求算當期營業活動產生之淨現金流第或流出。

2. 投資活動之現金流量

（1）投資活動包括承作與收回貸款，取得與處分非營業活動所產生之債權憑證、權益證券、固定資產、天然資源、無形資產及其他投資。

（2）投資活動所產生之現金流入：

① 收回代款及處分約當現金以外債權憑證（例如公司債）之價款。

② 處分權益證券（例如股票）。

③ 處分固定資產價款。

（3）投資活動所產生之現金流出：

① 承作貸款及取得約當現金以外之債權憑證。

② 取得權益證券。

③ 取得固定資產。

3. 理財活動之現金流量

（1）理財活動包括業主投資、分配給業主及融資性質債務的與借及償還。

（2）理財活動產生之現金流入：

① 現金增資發行新股。

② 舉借債務。

（3）理財活動所產生之現金流出：

　① 支付現金股利、購買庫藏股票及退回資本。

　② 償還借入款。

　③ 償付延期價款之本金。

　4.不影響現金之投資理財活動：附註揭露於現金流量表下。

（1）發行公司債或票據或股本來交換資產。

（2）承租資本租賃。

（3）可轉讓公司債或特別股轉成普通股。

（4）受贈固定資產。

（5）以償債基金償還公司債。

（6）流動負債再融資為長期負債。

（7）長期負債一年內到期轉為短期負債。

　5.不影響現金亦非投資理財活動：不必加以揭露。

（1）發放股票股利。

（2）提列法定公積或盈餘準備。

會計變動 與錯誤更正

■ 本節介紹會計若有變動該如何調整與更正。

會計變動

（一）會計變動的種類

1. 會計估計變動

指因新經驗之累積、新資料之獲得，或新事項對發生，修正以往之估計。例如折舊性資產之耐用年限及殘值、無形資產之效益期間等估計發生變動均屬之。

2. 報告主體變動

指編製報表之企業個體增減，致當年度之財務報表編製主體與以前年度不同者。例如，以合併報表取代個

別企業之財務報表、合併報表之組成企業發生變動等均屬之。

（二）處理方法

1.會計原則變動：原則上採用當期調整法。

（1）當期調整法：
① 因改採新原則，對變動當期期初保留盈餘所產生之累積影響數，應予計算，並列於當期損益表中「非常損益」及「本期純益」之間。累積影響數指下列兩項差額：
a.改變當期之期初保留盈餘。
b.若自始即採用新會計原則所追溯計算之期初保留盈餘應有之數額。

② 適用對象：除少數會計原則變動採追溯調整外，一般會計原則變動採用此法。

③ 會計原則改變之性質及新原則優於原採用會計原則之理由，應予附註說明。

（2）追溯重編法：

① 特殊重大之原則變動，應採追溯重編法，計算前年度之累積影響數，作為前期損益調整，重編以前年報表。

② 適用對象：

a. 存貨計價方法由後進先出法（LIFO）改為其他方法。

b. 長期工程合約損益之認列：完工比例法與全部完工法之互換。

c. 採礦業探勘成本之處理：全部成本法與探勘成功法之互換。

d. 鐵路業折舊方法由汰換法或重置法改為普通折舊法。

e. 公司初次辦理公開發行而改變會計原則。

f. 改變會計原則以符合新發佈之GAAP。

2. 會計估計變動──不追溯，採推延調整法。不計算以前年累積影的數，亦不重編以前年度報表。自變動年度起，就帳上原有餘額，改按新原則或新估計數處理。

（1）若估計變動僅影響當期（如呆帳損失多估或少估），應於當期處理，不得調整前期益，報表中無須揭露。

（2）若估計變動影響當期及以後數期（例如固定資產折舊年限之變動），應於當期及以後各期處理，不調整以前各期損益，亦不計算累積影響數，但應估計變種當期純益之影響加以揭露

（3）若會計估計變動與會計原則變動同時發生：

① 二者影響可劃分：先處理會計原則變動，再計算估計變動之影響。

② 無法截然劃分：依會計估計變動處理。

3.報告主體變動

編製報告主體變動，應重編以前年度報表，使與本年度之報表主體一致，並於變動年度附註明變動之原因，及其對各年度損益之影響。

錯誤更正

（一）錯誤的種類

1.僅影響產負債表帳戶之錯誤

2.僅影響損益表帳戶之錯誤

3.同時影響資產負債表與損益表帳戶之錯誤。

（1）自動相抵銷之錯誤：短期應收、應付、預收、預付以及存貨的錯誤。

（2）非自動相抵銷之錯誤：折舊錯誤、資本支出與收益支出劃分之錯誤

（二）會誤更正之處理

1.錯誤發生與錯誤更正在同一會計期間：作更正分錄將原分錄沖銷更正。

2.錯誤發生與錯誤更正不在同一會計期間：
（1）發現錯誤時，該錯誤已自動抵銷者，不必作任何更正分錄。

（2）發現錯誤時，該錯誤尚未自動抵銷者：
① 以「前期損益調整」作更正分錄。

② 應以其對損益之稅後影響數調整發現錯誤年度之期初保留盈餘，資產負債之相關科目應一併更正。

③ 編製比財務報表時，應重編以前年度報表，並揭露錯誤性質，及其對發生錯誤年度之損益影響。

Part 4

第一次看財報
就上手

股市基本分析

■ 投資人可以根據自己本身的選股習慣，來挑選適合自己的投資分析。

　　股市基本分析是指投資人透過總體經濟數據、各個產業狀況、公司財務報表和經營狀況，藉此來判斷公司股票的價值，再來根據目前股價的況狀，來決定股價目前是高估還是低估。

　　基本分析可分為從上到下分析（Top-down approach）和從下到上分析（Down-top approach）。

　　這2種分析基本上沒有好壞，投資人可以根據自己本身的選股習慣，來挑選適合自己的投資分析。

從上到下分析

　　從上到下分析是指先分析總體經濟環境，來觀察股票市場目前的狀態，若是可以進場投資股票時，便可進而分析各個產業的狀況，最後再針對這些類股的個別公司，進行財務報表與經營績效的分析，最後便可挑選出可投資的公司。

　　舉例來說，若政府主計處預估今年的GDP將會比去年成長，那麼可見得今年景氣會比去年好，而股票市場總是領先反應，所以便可將資金比重大量的放在股票市場上。

　　因為兩岸交流旺盛，所以未來股票市場比較熱門的產業，預估會是在金融股，而金融股中，與大陸往來密切並且有實質獲利的公司有三檔股票：

　　　　　　　　1.國泰金
　　　　　　　　2.中租
　　　　　　　　3.永豐金

　　投資人選出這三檔後，便可根據財務報表的狀況，來選擇進場點。

▶ 由上到下分析

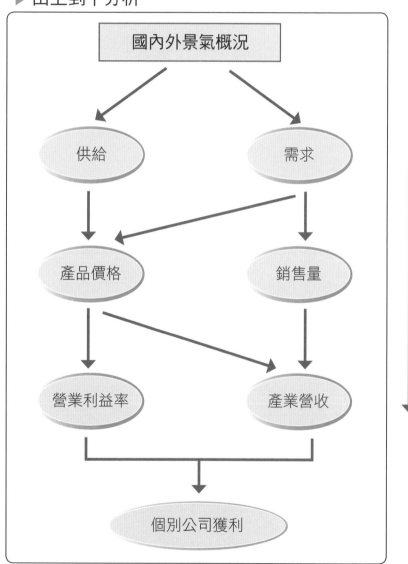

國內外景氣概況

供給　　　需求

產品價格　　　銷售量

營業利益率　　　產業營收

個別公司獲利

▶ 由下到上分析

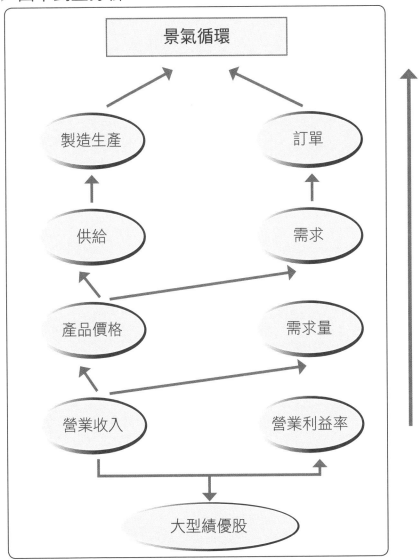

總體經濟分析

■ 不管是用從上到下或是從下到上的基本分析，都
需要參考總體經濟的狀況。

　　若是在景氣衰退期，即使買到好的績優股，依然會
被大環境拖累，相反的，若是在景氣成長期，即使買到
一些雞蛋水餃股，一樣可以雞犬升天跟著大環境上漲。
因此，不管是用從上到下或是從下到上的基本分析，都
需要參考總體經濟的狀況。

領先指標

1.利率變化

　　利率若上升，公司借貸成本增加，毛利下降，負債
比高的公司經營成本上升，容易成為地雷股，股市資金
漸漸流向定存，造成股價下跌；利率若下降，公司舉債

成本降低，利潤可望上升，資金也漸漸回流股票市場，
造成股價上漲。

2.貨幣供給量

中央銀行會用調整貨幣供給量來調節經濟，減少貨
幣供給（發行公債）有可能會抑制過熱的經濟或是股市
情況，相反，增加貨幣供給則有助於活絡經濟和股市。

M1a：通貨+支票存款+活期存款

M1b：M1a+活期儲蓄存款

M2：M1+準貨幣

當M1b年增率向上穿越M2年增率時，代表股市有一
波資金行情，相反的，若當M1b年增率向下跌破M2年增
率時，顯示資金退潮，股市預估會有一波修正行情。

3.消費者信心

這是衡量消費者對未來的消費意願,若消費意願增加,表示對未來景氣看好,股市將有一波上漲行情,相對的,若消費意願降低,表示對未來景氣看壞,股市成交量也會逐步降低,進而進入一波下跌修正。

4.原物料價格

原物料價格的變化對於上游企業影響不大,因為往往能把成本轉給中下游廠商,因此若當原物料價格上升,上游企業的股價會因此上漲,但是中下游廠商若不能把成本轉給消費者,將會受到成本上升的波及,進而影響股價的上漲。

同時指標

1.GDP

國民生產毛額(Gross Domastic Product)簡稱GDP,代表的是該國人民在一個單位時間中,生產的所有最終商品和勞務的市場價。

GDP成長率呈現當前的經濟狀況,成長率高代表經濟成長強勁,反之,成長率低代表經濟成長緩慢,甚至步入衰退時期。

　　GDP計算公式是用以衡量國民所得的一套技術與制度，可稱為國民所得的會計帳，一般來說，會利用三種方法來計算國內生產毛額

（一）　生產面＝農業產值＋工業產值＋服務業產值

（二）　所得面＝W（薪資）＋R（利息）+I（地租）
　　　　　＋利潤＋D（折舊）＋T1（間接稅淨額）

（三）　支出面＝C（消費）＋I（投資）＋
　　　　　G（政府的消費支出）＋X－M（淨出口）

落後指標

1.失業率

　　失業率的定義是失業人口占勞動人口的比率，主要是要衡量閒置中的勞動產能，這項數據基本上是股市的落後指標，當公布時股價都已領先反應，投資人可當成利多或利空出盡來解讀。

2.企業存貨

　另一項落後指標是企業存貨的數據，當企業存貨下降時，代表不景氣確認已經到尾聲，經濟即將開始復甦，但是股市卻已經領先反應，有可能已經上漲了一段時間，企業存貨的數據才開始下降。

參考網站

　總體經濟分析的數據會在各個政府機關公布，以下提供三項重要的網站，供讀者參考：

一、央行的貨幣政策
網址：http）//www.cbc.gov.tw/economic/statistics/
　　　fs/total_03.asp

二、景氣對策訊號
網址：http）//www.cepd.gov.tw/index.jsp

三、行政院主計處每月公佈的物價指數等數據
網址：http）//www.dgbas.gov.tw/lp.asp?ctNode=285
　　　1&CtUnit=1077&BaseDSD=7

▶ 影響基本分析的變數

項目	經濟面	金融面
總體經濟	經濟成長率、 景氣領先指標、 景氣對策訊號、 進出口數據	M1b成長率、 消費者物價指數
產業	製造業生產指數	銀行隔夜拆款利率
公司	本益比、 股價淨值比、 殖利率	負債比率、股本

3大股市動能

■ 沒有資金活水，股市就缺乏成交量，沒有成交量，代表資本市場無法活絡。

　　人可以一天不吃任何食物，但是無法一天不喝水，水在人體內可發揮各種功能，其中最重要的就是改變血液循環，促進新陳代謝，還可以排出體內的廢物和毒素，若能攝取大量好水，還可以減少感冒，因為支氣管等黴菌或病毒容易入侵的部位受到好水滋潤，可活化免疫細胞的防禦功能，使得病毒不易入侵。

股市活水

　　資金對於股市來說，就像水對於人體一樣重要，沒有資金活水，股市缺乏成交量，沒有成交量。代表資本市場無法活絡，公司無法透過股票市場取得資金運作，

就沒辦法擴張，進而雇用更多的員工，整體失業率便會
節節上升，造成嚴重的經濟危機。

　　2012年政府重提沉寂已久的證所稅條款，試圖打著
「公平正義」的名義來對資本市場課稅，殊不知卻造成
整個股票市場的低迷不振，有錢人紛紛把資金匯出海外
投資，散戶本來就很難在股票市場賺到錢，更別談沒賺
到錢還要多繳稅的狀況。

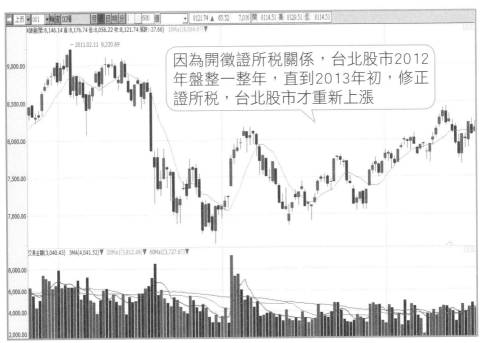

因為開徵證所稅關係，台北股市2012年盤整一整年，直到2013年初，修正證所稅，台北股市才重新上漲

資料來源：永豐金e-Leader

因此整個台北股市整整一年像一攤死水一樣，毫無成交量可言，整個台灣社會也持續維持「低薪水高物價」的慘狀。

所幸政府在隔了一年之後，在2015年發現自己的「德政」無法課到稅，改以「廢除證所稅」條款的方式，讓證所稅走入歷史

這項翻來覆去的政策，讓台股資金嚴重外流。這樣繞了一大圈，只能印證了那句名言：「錯誤的政策，比貪汙更可怕。」

小叮嚀

資金對於股市來說，就像水對於人體一樣重要，沒有資金活水，股市缺乏成交量，沒有成交量。

1.景氣行情

　　從2003年至2007年，由於原物料與房地產的上漲，帶動了一波將近5年的景氣行情，當景氣行情來臨時，能夠帶動投資人原始的投資慾望，因為很多看中基本面的投資人，一旦確認景氣行情來了，便會開始定期定額地買進股票，因此很多股票便會以「緩漲急跌」的方式開始進入牛市。

▶ 景氣行情

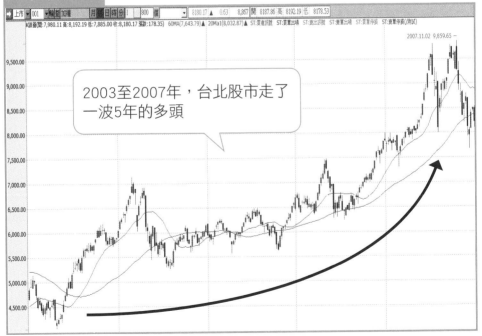

資料來源：永豐金e-Leader

2.資金行情

　　美國一共實施了三次的QE政策，造成全球資金淹腳目，道瓊指數更在2013年中創下歷史新高，不過資金行情最大的利空便是當資金退潮時，股市便會領先反應，開始進入一段修正波。

3.人氣行情

　　外移的資金紛紛回流，因此帶動一波波股市的上漲，散戶看到股市逐漸上漲，信心也回來了，於是一傳十、十傳百，台股在大量人氣回籠之下，成交量開始滾滾上升，也帶動一波上漲的行情。

▶ 人氣行情

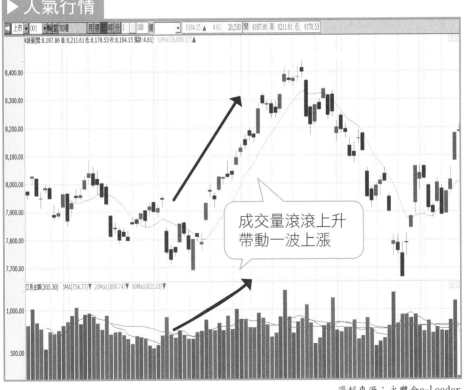

成交量滾滾上升
帶動一波上漲

資料來源：永豐金e-Leader

▶ 圖解股市三大行情

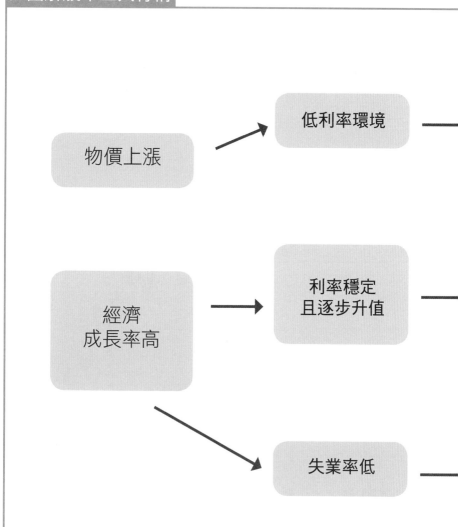

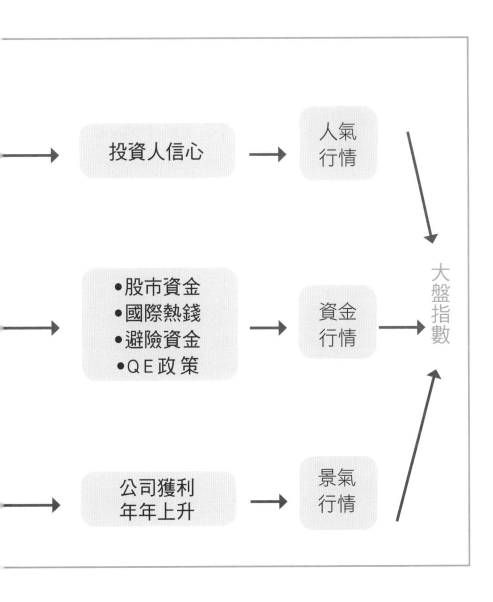

基本會計與財報概念

■ 使用會計資訊的人，除企業內部人士如財務主管須藉此做出財務決策、與高階主管藉此了解公司整體營運狀況外，企業外部使用者更需藉由會計資料做不同之決策。

　　會計是一種服務性的活動，功能在於提供經濟個體有關財務數量資料，使得資料的使用者能在各種商業行動中，做最佳的抉擇。

　　藉由會計學所提供的資料，包括財務報表，投資人得以在分析投資決定時得到確實的數據及資料，並由此做出正確判斷。

　　為使得會計資訊得以正確並允當地表達，編寫財報時必須遵守以下4項基本會計原則：

1.收益原則：於收益在已實現或可實現或已經賺取時即認列收入。

2.成本原則：會計上，一公司的成本以歷史成本為入帳的基礎，較具客觀性。

3.配合原則：若認列某項收益，所有與該收益有關的成本即應轉為費用，以與收益配合並正確計算損益。

4.充份揭露原則：對會計資訊使用者有用的資訊，皆應充份完整的表達與揭露。

使用會計資訊的人，除企業內部人士如財務主管須藉此做出財務決策、與高階主管藉此了解公司整體營運狀況外，企業外部使用者更需藉由會計資料做不同之決策，如：

■股東與投資人：藉由會計資料，可分析手中持股之價值，公司的發展有無遠景，成長動能如何，是否值得再投資或是減少持股比例。

■債權人：藉此觀察公司財務狀況是否健全、債權能不能得到保障，企業有無償債的能力。

■政府機關：依法應繳納的稅金。

■其他使用者：廠商的應收帳款是否會被拖欠，或是生意往來之客戶皆依會計資料以檢視該公司的信用情形。

財務報表

財務報表為公司過去營運資訊的表達，因此想要知道該上市上櫃公司的營運績效、獲利能力狀況、財務健全性以及是否值得投資等，皆可從財務報表中窺知。

股票發行公司應揭露重要的財務資訊，包括：

1.簡明資產負債表及損益表

2.重要財務比率分析

3.足以增進對財務狀況、營業結果及現金流量或其變動趨勢之瞭解的重要資訊，如物價或匯率變動有關某公司財務報表的取得，可以從下述來源著手：

1.公開說明書

根據證券交易法規定，公司在募集及發行新的股票時，必須印行公開說明書，以表達公司概況、營運概況、營運及資金運用計劃、財務概況、特別記載事項、以及公司的章程及重要決議等資訊，有關資料一應俱全，為分析師在分析個股時必備的資料來源之一，

取得方式如下：

（1）台灣證券交易所

（2）各證券商營業處所

（3）各發行公司的股務室或股務課，可親取或去函索取

（4）各發行公司的股務代理機構或證券承銷商

2.定期的財務報表

依證交法規定，發行公司應申報並公告月營收、季報表、半年報表、以及年財務報表，你必須了解各種報

131

表應該公告的時間，以取得最新的財務報表，作最即時的分析，分述如下：

（1）月營收：每月10日以前須公告並申報上個月的月營收情形；

（2）季報表：分別在4月30日前、10月31日前公告並申報第一季及第三季季報表。

（3）半年報：每年8月底前公告，並且申報上半年度財務報表。

（4）年報表：在每年4月底前公告，並且申報上年度財務報表。

3.專業性報紙及財經雜誌

如工商時報與經濟日報、先探、萬寶周刊等，都可獲取相關的資料，於市面上皆可購買取得。

4.台灣證券交易所的資料

證交所定期也會出版若干刊物如下，可親取或去電

洽詢。

（1）上市證券概況：證交所每月中發行，具有時效性。

（2）證交資料：證交所每月都會編印，內容資訊充份，具有參考價值。

（3）上市公司財務資料簡報：證交所於每季及年度結束後編印。

（4）上市公司獲利能力比較表：每年下半年編印。

5.金管會的資料

如每年三、四月出版之證券統計要覽等。

投資人在買賣股票時，在意的是投資此個股有無上漲空間，然而在評估該個股有無上漲潛力，然而不管是使用技術分析或基本分析，我們仍應檢視該公司本身的體質、財務結構，想從股市裡成為贏家，財務報表的蒐集及分析，就是投資人不可缺少的工作。

財務報表的種類與特性

■ 善用財務報表，可幫助投資人站在監督公司的角色立場，檢視公司的體質、財務結構、營運績效等狀況。

　　由於財務報表對企業關係人了解公司的情況，提供了較為簡便的認識管道，尤其投資人欲買賣某一公司的股票，無非是希望能夠追求股價的成長，或股利股息之配發。因此，善用財務報表，可幫助投資人站在監督公司的角色立場，檢視公司的體質、財務結構、營運績效等狀況。

　　經由分析資產負債表，可以看出該公司的流動性能力，償債、支付的能力高或是資產負債等財務結構的管理能力如何；損益表可以看出該公司的銷貨能力如何、獲利能力的高低。

　　所以資產負債表與損益表可以說是最能快速一覽某公司的企業經營情形的工具。

　1. 資產負債表

　　資產負債表的左邊為該企業的資產值，右邊為該企業的負債及股權益總額，且遵循著此一等式：資產＝負債＋股東權益。簡單的資產負債表如下：

資產負債表

資產	負債與股東權益
流動資產	流動負債
現金及約當現金	短期借款
應收票據	應付票據或票券
應收帳款	應付帳款
存貨	預收款項
預付款項	長期負債
基金及長期投資	總負債
固定資產	股本
無形資產	公積
總資產	盈餘
	股東權益總額
	負債與股東權益總額

4 Chapter

2. 損益表

損益表顯示一間企業或一間公司在某一段期間內收益與費用之情況,可以表達在那一段期間內公司的經營成果如何。簡單的損益表如右。

稅後純益高,表示該公司的經營成果良好;若稅後純益未如預期,則可以檢視是營業收入不佳呢?抑或是營業成本及費用太高了,因此可幫助公司做正確的決策,而免於頭痛醫頭、腳痛醫腳的偏頗狀況。

資產負債表

營業收入
營業成本
毛利
營業費用
所得稅
稅後純益

3. 現金流量表

　　現金流量表顯示出一企業或一公司在某一段期間內現金流入流出的情形，表達出該企業在營業活動、投資活動與理財活動上現金流入流出的狀況。

　　現金流量表可使我們了解該企業於未來產生淨現金的能力，這又攸關該公司應付緊急狀況及週轉之能力。簡單的現金流量表如下：

現金流量表

營業活動現金流量

投資活動現金流量

理財活動現金流量

現金淨增加

　　以下列出一公司分別於營業活動、投資活動與理財活動上可能的現金流入流出情形：

	現金流入	現金流出
營業活動	1. 銷售商品及勞務、應收帳款或票據之收現。 2. 利息及股利的收取。 3. 其他如訴訟受償或保險理賠等。	1. 購買商品及原料、應付帳號或票據之償還。 2. 支付利息、及各項營業成本與費用。 3. 其他如訴訟賠償等。
理財活動	1. 收回貸款。 2. 出售有價證券之價款。 3. 出售固定資產之價款。	1. 承做貸款。 2. 購買有價證券。 3. 購買固定資產。
有價配股	1. 現金增資發行新股。 2. 舉債。	1. 支付股利。 2. 買回庫藏股。 3. 償債。

 財務比率與公式

■ 想勝過一般散戶，就是要會去用財務比率分析一個公司的發展。

　　財務報表對於證券分析師而言是非常重要的，尤其是資產負債表及損益表，可提供適當的資訊使證券分析師得以分析上市上櫃之企業目前的營運狀況如何、未來的發展遠景如何等等，進而評估若買進該公司的股票是否有增值上漲的潛力。

　　即使身為公司的財務主管，也必須熟悉財務報表資訊背後所隱含的意義，以掌握公司目前的營運情形與財務狀況，投資股市絕不可以盲從，身為投資人的你想勝過一般散戶，就是要會去分析一個公司及產業的發展，利用財務報表進行比率分析以分析該公司的營運、資產、負債以及獲利的狀況。

　　但計算出單一比率本身並沒有太大意義，你還必須將該比率與產業的平均比率作比較，並將該比率或財務報表與公司去年的情況作比較，看是成長或是衰退。

流動性分析

　　流動性分析係在分析一公司有沒有足夠的能力還債、支付債務。事實上，若一公司的流動性不足，即有可能發生經營上的危機。流動性分析包括流動比率與速動比率。

1.流動比率

　　流動比率指出流動資產可以用來償還流動負債的程度，若比率愈高表示該公司愈有能力償還流動負債，但太高則會使公司資產使用的效率不足，因此一般而言，最適的流動比率為2，公式如下：

$$流動比率 = \frac{流動資產}{流動負債}$$

　　若公司的流動比率低於產業平均水準，則該公司還
錢能力有所不足，可能會有經營上的危機，公司的流動
比率比去年低，則表示公司的償債能力退步。

　2.速動比率
　　速動比率指出速動資產可以用來償還流動負債的程
度，之所以扣掉存貨的原因，在於存貨要等到出售時才
會變現，因此速動比率更可看出公司立即可以還債的程
度，公式如下。

$$速動比率 = \frac{流動資產 - 存貨}{流動負債}$$

　　若公司的速動比率低於產業平均水準，則該公司
立即的還錢能力有所不足，可能會有經營上的危機，若
公司的速動比率比去年低，表示公司立即的償債能力退
步。

資產管理能力分析

衡量一公司的資產管理能力，在於分析該公司的資產使用效率如何，以及該公司的若干帳項變現快慢的程度，可看出該公司的營運能力。包括存貨周轉率、應收帳款平均收帳期、固定資產周轉率、總資產周轉率。

1.存貨周轉率

衡量一公司控制及管理存貨的能力，若存貨周轉率太低，表示該公司的存貨量過大，會增加公司的營運成本，如倉儲費用及損壞風險等，公式如下。

$$存貨周轉率 = \frac{營業成本}{平均存貨額}$$

若公司的存貨周轉率低於產業平境水準，表示該公司相較於同業存貨過多，顯示出此公司的經營績效不佳，銷售能力有問題，若公司的存貨周轉率比去年低，表示公司經營績效及銷售能力退步。

應收帳款平均收帳期

應收帳款平均收帳期在衡量一公司收回應收帳款款項的快慢程度，也就是收錢的能力。

若平均收帳期愈高，代表該公司收帳的能力不佳，別家公司一直欠錢愈久，愈有可能成為壞帳，危及公司營運，公式如下。

$$應收帳款平均收帳期 = \frac{應收帳款}{營業收入／365}$$

若公司的平均收帳期高於產業平均水準，表示該公司相較於同業被別家公司欠錢越久，顯示出收帳能力有問題，若公司的平均收帳期比去年高，表示公司壞帳可能性增加。

固定資產周轉率

固定資產周轉率係指每使用一元的固定資產，所能創造出營業收入多少的程度，若固定資產周轉率越高，表示公司使用土地、廠房及機器設備後所能創造出的營業收入越大。

固定資產的使用效率越高，同時表示公司營運能力越好，公式如下。

$$總資產週轉率 = \frac{營業成本}{平均存貨額}$$

若公司的總資產周轉率高於產業平均水準，表示該公司相較於同業使用資產越有效率，若公司的總資產周轉率比去年高，表示公司營運效率提升。

負債管理能力分析

除自有資本外，多會藉由財務工具，例如發行股票及公司債募資，利用財務槓桿效果以創造更大的利潤。但一公司負債比率越大，越會讓人懷疑其還債的能力，而公司也會因利息等支出而有資金的壓力。

負債比率

負債比率係指公司利用財務槓桿的程度。若負債比率越高，表示公司利用財務槓桿的程度也越高，但相對上負債越大，越有可能還不了債，而危及債權人的權益，公司的營運越有可能發生問題，公式如下。

若公司負債比率高於產業平均水準，表示該公司相較於同業利用財務槓桿的程度越高，經營風險也越大，若公司的負債比率比去年高，表示公司營運風險提升。

$$負債比率 = \frac{負債總額}{資產總額}$$

利息保障倍數

利息保障倍數係指公司有無足夠的收益，得以支付利息；倍數越大，表示該公司越有能力償還利息，對債權人也較有保障，公式如下。

$$利息保障倍數 = \frac{稅前息前純益}{利息費用}$$

若公司的利息保障倍數低於產業平均水準，表示該公司相較於同業槓桿程度太高，以致收益無法支付利息，恐怕有破產的危機，若公司的利息保障倍數比去年低，則公司應注意營運績效，是否足夠支付利息而不會危及公司。

獲利能力

毛利率與淨利率

　　毛利率與淨利率兩者皆在衡量一公司的獲利能力，銷售出一元所能創造出的毛利與淨利之多少，因此毛利率與淨利率越高，代表此公司越會賺錢，公式如下。

$$毛利率 = \frac{毛利}{營業收入}$$

$$淨利率 = \frac{稅後純益}{營業收入}$$

營業純益率

營業純益率在衡量一公司的營運績效情況,獲利能力情形如何,因此越高的營業純益率,代表此公司獲利能力越高,公式如下。

$$營業純益率 = \frac{營業純益}{營業收入}$$

資產報酬率(ROA)

資產報酬率(ROA)是在衡量一家公司在利用每一元的資產時,所能創造出稅後純益的多寡。ROA越高,表示該公司資產使用效率越高,資產的獲利率也越高。

若公司的ROA高於產業平均水準,表示該公司比同業會賺錢,若公司的ROA比去年高,表示該公司比去年會賺錢,公式如下。

$$ROA = \frac{稅後純益}{資產總額}$$

股東權益報酬率（ROE）

股東權益報酬率（ROE）在衡量一公司普通股股東獲利的程度，若ROE越高，代表該公司越會賺錢，股東股東的報酬率越高。ROE是股神巴菲特評量一家公司的重要指標，他會以五年的平均ROE都要保持在15％左右，才會考慮買進該家公司，ROE公式如下。

$$ROA = \frac{普通股股東分配純益}{普通股權益}$$

每股盈餘（Earning Per Share；EPS）

若公司的EPS高於產業平均水準，表示該公司較同業會賺錢，其普通股股東獲利能力較高，若公司EPS比去年高，表示該公司今年比去年賺錢，每一普通股獲利能力越強，公式如下。

$$EPS = \frac{普通股股東可分配純益}{普通股流通在外股數}$$

本益比（P／E）

本益比越高，代表投資人對該公司信心越高；但相對，本益比越高，代表投資人買進該公司股票的成本也越高。因此，投資人應買進本益比被過分低估的股票。

值得注意的是，通常目前的股價已經反映了本益比，因此投資人若以本益比來判斷買賣時，應該要以公司未來的獲利前景為考量，也就是未來的獲利，是否能支撐高本益比或是反應低本益比。

$$P／E＝\frac{股價}{每股盈餘（EPS）}$$

小叮嚀

美國股神巴菲特重視的財務比率是「股東權益報酬率」（ＲＯＥ），他認為股東們在一家公司投資愈多，公司盈餘應該要愈多，所以他選擇以ＲＯＥ衡量企業獲利能力，也就是每個股東能分到多少公司的毛利。

自製**自己**的
財務報表

■ 本節列出了一些基本的表格，供讀者自行填寫，
可算出自己的資產負債表、損益表和財務比率。

　　若自己會製作自己的財務報表，便可從中體會出公
司財報的大致狀況，本節列出了一些基本的表格，供讀
者自行填寫，可算出自己的收入支出表、資產負債表和
財務比率。

　　依《富爸爸、窮爸爸》此書所提到的，收入是要由
資產所創造的，支山則要盡量多買可創造收入的資產，
至於負債，則是盡力降至最低，以下的表格可自行填寫
後，再來檢討目前自己的財務狀況。

151

▶ 每月支出和收入記帳表

年	項目	月份	一月	二月	三月	四月	五月	六月	七月
支出	食	外食							
		食品採購							
	衣	服裝							
	住	房貸							
		租金							
		電話通訊							
		水電瓦斯							
		家用維修							
		土地及房屋稅							
		住屋保險							
	行	汽車貸款							
		汽車維修							
		汽油費							
		交通費用							
		汽車保險							
	撫育	子女教育費							
	育	成長教育費							
	樂	度假旅遊費							
		娛樂交際費							
	保險	人壽保費							
	稅	所得稅							
	投資	投資儲蓄							
	健康	健康保健							
	奉養	奉養							
	奉獻	奉獻							
	借貸	借別人錢							
		還別人錢							
	當月支出總計								
收入	本業收入	公司薪資							
		顧問收入							
		投資收入							
	借貸	別人還錢							
		借貸							
	當月收入總計								

八月	九月	十月	十一月	十二月	總計	項目總計	預算金額

▶ 資產負債表

資產項目	金　額	佔資產比率
現金		
活期存款		
定期存款		
零存整付定存		
銀行轉承債券		
正式債券		
股票投資		
基金投資		
已繳活會		
名下不動產現值		
名下交通工具現值		
借貸他人		
保險保單現值		
其他資產現值		
合計：		
淨值（總資產－總負債）		

負債項目	金　額	佔負債比率
應繳死會		
信用卡付款		
交通工具貸款		
不動產貸款		
銀行借貸		
保單借貸		
現金借款		
其他負債		
合計：		

項目	公式
生活壓力比	總年支出／總年收入
急用準備金比	銀行活定期存款／月支出
薪資所得與理財收入比	年薪資/年理財收入
負債佔總資產比	年負債／總資產
資產淨值佔總資產比	年資產淨值／總資產
淨值成長率	淨儲蓄值／年資產淨值
標會週轉率	年會錢支出／ 不含理財收入的年收入
儲蓄率	淨儲蓄值／年收入

比率	備註
	這個比率愈低愈好
	這個比率愈高愈好
	這只是顯示您的財務來源依賴
	這個比率愈低愈好
	這個比率愈高愈好
	這只是一個比率數值
	比率愈高表示需要更多現金
	這個比率愈高愈好

▶ **檢視每月現金流**

收入
工作收入：_____
非工作收入：_____
被動收入：_____
（股息、股利、租金、版稅）

支出
房貸：_____
基本生活開銷 （食衣住行娛樂）：_____
醫療費：_____
錢滾錢帳戶 （投資支出）：_____

每月現金流　（收入－支出）＝ _____

變富

資產	負　債
現金及活存_____	負債 _____
股票_____	房貸 _____
	車貸 _____
房地產 （出租）_____	信貸 _____
	信用卡未付款
公司（有盈餘）	_____
_____	房地產（自住）_____
	公司（賠錢）_____

變窮

我的財產淨值（資產－負債）＝ _____

Part 5

如何閱讀財務報表

從**股票軟體** 閱讀財報

■ 剛開始學習證券投資的投資人，在研究如何衡量
股價之前，應先瞭解所要投資公司的財務報表。

　　不管買賣股票的動機，是為了從事投資或投機，還
是為了長線或短線交易，投資人都應該了解資產負債表
及損益表上面，各項數字所代表的內涵。

從股票軟體開始

　　透過財部報表的整合，又可以整理出一連串的財務
比率，投資人可以透過簡單的財務比率分析，更能瞭解
所要投資公司的營運與財務狀況。在大多數證券經紀商
的下單軟體中，都能獲得公司財務分析資料。本書以永
豐金證券的e-leader為例，投資人可以透過這些股票軟
體，大幅縮短閱讀與計算財務報表的時間。

在e-Leader登入後，在畫圈圈處的「證券專區」選擇「基本分析」中的「基本分析整合」，即可出現該個股的財務報表。

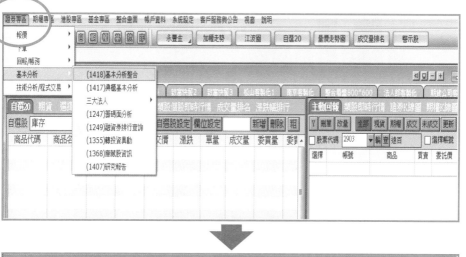

以上圖片資料來源：永豐金e-Leader

一定要懂的 3大報表

> ■ 資產負債表、損益表、現金流量表是投資人一定要懂的3大報表。

　　資產負債表的左邊欄位，稱為「資產欄位」，右邊欄位則稱為「負債欄位」。

資產負債表

　　資產欄位的排列順序，多將「流動性」最高的流動資產排列在最上面，然後依序為投資及基金、固定資產、遞延資產（無形資產）及其他資產。

　　負債部分的排列多以「流動性」大小，依負債到期日遠近，依序排列為：流動負債、長期負債和其他負債等。以台積電為例，根據統計時期的不同可分為季表和年表，最後可在歸納出簡表，如以下三張表：

162

▶ 台積電（2330）資產負債簡表（合併財報）（季表）

（單位）百萬

台積電(2330) 資產負債簡表(合併財報) ▾ (季表)
單位:百萬

期別	102.1Q	101.4Q	101.3Q	101.2Q	101.1Q	100.4Q	100.3Q	100.2Q
流動資產	297,751	252,289	245,325	280,881	268,123	225,260	196,937	242,552
長期投資	70,703	65,786	28,641	28,158	29,844	34,459	36,474	34,844
固定資產	666,447	617,529	580,080	548,149	509,916	490,375	472,953	477,887
其他資產	26,728	19,430	24,605	26,718	24,007	24,171	28,277	28,532
資產總額	1,061,630	955,035	878,652	883,906	831,890	774,265	734,641	783,816
流動負債	158,206	142,436	119,052	211,847	126,201	117,007	108,365	205,489
長期負債	126,325	82,161	77,785	37,389	37,358	20,458	20,344	5,212
其他負債及準備	8,449	4,683	4,668	4,613	4,749	4,756	4,809	4,753
負債總額	292,981	229,281	201,506	253,848	168,308	142,221	133,518	215,453
股東權益總額	768,649	725,754	677,146	630,058	663,582	632,044	601,123	568,362

▶ 台積電（2330）資產負債簡表（合併財報）（年表）

（單位）百萬

期別	101.4Q	100	99	98	97	96	95	94
流動資產	252,289	225,260	261,519	259,804	252,618	249,822	260,317	212,255
長期投資	65,786	34,459	39,776	37,846	39,982	36,461	53,895	42,428
固定資產	617,529	490,375	388,444	273,675	243,645	260,252	254,094	244,823
其他資產	19,430	24,171	29,190	23,372	22,671	24,329	19,179	20,003
資產總額	955,035	774,265	718,929	594,696	558,917	570,865	587,485	519,510
流動負債	142,436	117,007	123,191	79,133	56,807	48,706	46,861	35,122
長期負債	82,161	20,458	12,051	11,388	16,191	24,284	22,874	30,410
其他負債及準備	4,683	4,756	4,983	5,126	5,546	7,189	8,613	7,738
負債總額	229,281	142,221	140,224	95,648	78,544	80,180	78,347	73,271
股東權益總額	725,754	632,044	578,704	499,049	480,372	490,686	509,138	446,239

以上圖片資料來源：永豐金e-Leader

（單位）百萬
資料來源：永豐金e-Leader

期別	102.1Q	101.4Q	101.3Q
現金及約當現金	186,029	143,411	138,738
短期投資	3,226	7,507	9,009
應收帳款及票據	65,907	52,093	58,412
其他應收款	176	186	157
短期借支	0	0	0
存貨	37,833	37,830	33,249
在建工程	N/A	N/A	N/A
預付費用及預付款	0	0	0
其他流動資產	4,580	11,261	5,760
流動資產	297,751	252,289	245,325
長期投資	70,703	65,786	28,641
土地成本	4,761	1,527	1,534
房屋及建築成本	199,557	197,315	195,774
機器及儀器設備成本	1,290,615	1,279,168	1,261,983
其他設備成本	21,757	20,740	19,972
固定資產重估增值	0	0	0
固定資產累計折舊	-1,037,549	-1,000,285	-965,627
固定資產損失準備	0	0	0
未完工程及預付款	187,306	119,064	66,444
固定資產	666,447	617,529	580,080
遞延資產	11,611	10,212	10,137
無形資產	11,478	5,524	5,561
什項資產	3,639	3,695	8,907
其他資產	26,728	19,430	24,605
資產總額	1,061,630	955,035	878,652
短期借款	35,843	34,715	29,750

	102.1Q	101.4Q	101.3Q
應付商業本票	0	0	0
應付帳款及票據	13,256	15,239	14,556
應付費用	18,940	30,957	30,054
預收款項	0	0	0
其他應付款	48,601	44,832	32,786
應付所得稅	20,165	15,636	10,855
一年內到期長期負債	131	1,042	1,032
其他流動負債	21,270	16	20
流動負債	158,206	142,436	119,052
長期負債	126,325	82,161	77,785
遞延貸項	0	0	1
退休金準備	6,905	3,980	3,955
遞延所得稅	0	0	0
土地增值稅準備	0	0	0
各項損失準備	5	0	0
什項負債	1,539	704	712
其他負債及準備	8,449	4,683	4,668
負債總額	292,981	229,281	201,506
股東權益總額	768,649	725,754	677,146
普通股股本	259,282	259,244	259,220
特別股股本	0	0	0
資本公積	55,763	56,138	56,074
法定盈餘公積	115,820	115,820	115,820
特別盈餘公積	7,606	7,606	7,606
未分配盈餘	324,562	287,175	245,606
長期投資評價損失	10,845	7,973	268
少數股權	2,518	2,556	2,603
負債及股東權益總額	1,061,630	955,035	878,652

▶ 台積電（2330）資產負債表（合併年表）

單位）百萬
資料來源：永豐金e-Lead

期別	101	100	99
現金及約當現金	143,411	143,472	147,887
短期投資	7,507	7,150	33,687
應收帳款及票據	52,093	40,948	42,982
其他應收款	186	122	125
短期借支	0	0	0
存貨	37,830	24,841	28,406
在建工程	N/A	N/A	N/A
預付費用及預付款	0	0	0
其他流動資產	11,261	8,728	8,432
流動資產	252,289	225,260	261,519
長期投資	65,786	34,459	39,776
土地成本	1,527	1,541	891
房屋及建築成本	197,315	172,873	145,966
機器及儀器設備成本	1,279,168	1,057,589	913,155
其他設備成本	20,740	17,761	15,558
固定資產重估增值	0	0	0
固定資產累計折舊	-1,000,285	-876,252	-773,278
固定資產損失準備	0	0	0
未完工程及預付款	119,064	116,864	86,152
固定資產	617,529	490,375	388,444
遞延資產	10,212	12,604	13,390
無形資產	5,524	5,694	5,705
什項資產	3,695	5,873	10,095
其他資產	19,430	24,171	29,190
資產總額	955,035	774,265	718,929
短期借款	34,715	25,927	31,214
應付商業本票	0	0	0
應付帳款及票據	15,239	11,859	12,971

	101	100	99
應付費用	30,957	25,048	17,520
預收款項	0	0	0
其他應付款	44,832	35,541	43,260
應付所得稅	15,636	10,656	7,185
一年內到期長期負債	1,042	7,962	1,648
其他流動負債	16	14	9,393
流動負債	142,436	117,007	123,191
長期負債	82,161	20,458	12,051
遞延貸項	0	27	127
退休金準備	3,980	3,909	3,812
遞延所得稅	0	0	0
土地增值稅準備	0	0	0
各項損失準備	0	0	0
什項負債	704	821	1,044
其他負債及準備	4,683	4,756	4,983
負債總額	229,281	142,221	140,224
普通股股本	259,244	259,162	259,101
特別股股本	0	0	0
預收股款	0	0	0
增資準備	0	0	0
資本公積	56,138	55,846	55,698
法定盈餘公積	115,820	102,400	86,239
特別盈餘公積	7,606	6,434	1,313
未分配盈餘	287,175	213,357	178,227
長期投資評價損失	7,973	-1,173	109
外幣換算調整數	-10,754	-6,433	-6,543
庫藏股票	0	0	0
股東權益總額	725,754	632,044	578,704
少數股權	2,556	2,450	4,559
負債及股東權益總額	955,035	774,265	718,929

損益表

　　一般稱資產負債為表示某一定時點的靜態報表,而損益表則為表示在某一定期間的動態報表。損益表內容主要為企業各項收入與支出,因此損益表編制,必須基於某一定的「期間」,才能瞭解該一期間內收支情況。損益表的科目,通常為幾大項,即:營業收入(銷貨收入),營業成本(銷貨費用)、營業毛利,營業費用,營業淨利、營業外收入、營業外支出、本期純益、預計所得稅,及稅後純益等。

▶ 台積電(2330)損益季表(合併財報)
(單位)百萬
資料來源:永豐金e-Lead

期別	102.1Q	101.4Q	101.3Q
營業收入淨額	132,755	131,305	141,375
營業成本	71,989	69,461	72,356
營業毛利	60,766	61,844	69,019
聯屬公司間未實現銷貨	4	105	10
營業費用	16,342	15,694	16,377
營業利益	44,428	46,255	52,653
利息收入	346	350	353
投資收入/股利收入	654	723	695
處分投資利得	820	92	83
投資跌價損失回轉	258	-44	44
處分資產利得	0	-22	1
存貨跌價損失回轉	0	0	0
兌換盈益	0	374	-157

	102.1Q	101.4Q	101.3Q
其他收入	743	699	212
營業外收入合計	2,822	2,172	1,231
利息支出	494	335	270
投資損失	0	0	0
處分投資損失	0	0	0
投資跌價損失	0	1,483	-190
處分資產損失	0	10	-4
兌換損失	193	0	0
資產評價損失	0	0	0
其他損失	815	329	78
營業外支出合計	1,502	2,180	155
稅前淨利	45,748	46,247	53,729
所得稅費用	6,212	4,763	4,383
經常利益	39,536	41,484	49,345
停業部門損益	0	0	0
非常項目	0	0	0
累計影響數	0	0	0
本期稅後淨利	39,577	41,569	49,303
每股盈餘（元）	1.53	1.60	1.90
加權平均股本	259,259	259,207	259,199
當季特別股息負債	0	0	0

▶ 台積電（2330）損益季表（合併財報）

期別	102.1Q	101.4Q	101.3Q
營業收入淨額	132,755	131,305	141,375
營業成本	71,989	69,461	72,356
營業毛利	60,766	61,844	69,019
聯屬公司間未實現銷貨	4	105	10
營業費用	16,342	15,694	16,377
營業利益	44,428	46,255	52,653
利息收入	346	350	353
投資收入／股利收入	654	723	695
處分投資利得	820	92	83
投資跌價損失回轉	258	-44	44
處分資產利得	0	-22	1
存貨跌價損失回轉	0	0	0
兌換盈益	0	374	-157
其他收入	743	699	212
營業外收入合計	2,822	2,172	1,231
利息支出	494	335	270

	102.1Q	101.4Q	101.3Q
投資損失	0	0	0
處分投資損失	0	0	0
投資跌價損失	0	1,483	-190
處分資產損失	0	10	-4
兌換損失	193	0	0
資產評價損失	0	0	0
其他損失	815	329	78
營業外支出合計	1,502	2,180	155
稅前淨利	45,748	46,247	53,729
所得稅費用	6,212	4,763	4,383
經常利益	39,536	41,484	49,345
停業部門損益	0	0	0
非常項目	0	0	0
累計影響數	0	0	0
本期稅後淨利	39,577	41,569	49,303
每股盈餘（元）	1.53	1.60	1.90
加權平均股本	259,259	259,207	259,199
當季特別股息負債	0	0	0

現金流量表

　　一間公司在特定的期間內，有關營業、投資、融資的活動，可用現金流量表來表示，能幫助投資人及債權人評估公司的未來產生淨現金的能力、償還債務及支付股利的能力、和向外界融資的需要、本期損益與營業活動所產生的現金收入與支出之差異，藉此分析對公司財務狀況的影響。

▶ 台積電（2330）現金流量表（季表;合併財報）

（單位）百萬
資料來源：永豐金

期別	102.1Q	101.4Q	101.3
稅後淨利	39,536	41,484	49,34
不動用現金之非常損益	0	0	
折舊	35,965	37,848	34,12
攤提	532	-1,643	55
投資收益——權益法	-654	-723	-69
投資損失——權益法	0	0	
現金股利收入——權益法	0	0	80
短期投資處分損（益）	0	0	
固定資產處分損（益）	-29	0	-
長期投資處分損（益）	-820	1,391	-8
準備提列（迴轉）	-17	20	2
應收帳款（增）減	-13,813	6,319	-3,47
存貨（增）減	-3	-4,581	-2,46
應付帳款增（減）	-1,983	683	-88
其他調整項——營業	14,844	4,558	-56
來自營運之現金流量	73,570	85,411	76,63
短期投資出售（新購）	912	-31,174	37-

	102.1Q	101.4Q	101.3Q
出售長期投資價款	3,092	1,501	494
長期投資（新增）	-7	0	0
處分固定資產價款	13	41	3
固定資產（購置）	-80,418	-59,766	-78,334
其他調整項──投資	-624	-752	1,694
投資活動之現金流量	-77,033	-90,150	-75,768
現金增資	0	0	0
支付現金股利	0	0	-77,749
支付董監酬勞員工紅利	0	0	0
短期借款新增（償還）	1,128	4,965	-1,023
長期借款新增（償還）	-1,747	-13	-1,223
發行公司債	45,000	4,400	40,600
償還公司債	0	0	0
庫藏股票減（增）	0	0	0
其他調整項──理財	451	-15	67
理財活動之現金流量	44,939	9,403	-39,291
匯率影響數	1,142	8	-1,274
本期產生現金流量	42,618	4,672	-39,702
期初現金約當現金	143,411	138,738	178,441
期末現金及約當現金	186,029	143,411	138,738
本期支付利息	332	54	384
本期支付所得稅	N/A	956	30

4大財務比率

■ 在閱讀財務報表時，如果有「財務比率」的佐助，就不會被眾多數字所矇蔽。

要認識公司的實際經營狀況，最好是從第一手的財務資料進行分析。可是，任何稍具規模的公司，其營業上的財務資料，大抵多得不可勝數，這麼多的資料，不是一般個人所能弄得清楚。

財務比率

對一個有經驗而又熟練分析財報的人來說，分析並解釋不同的比率，所能得到對公司財務狀況的瞭解，往往遠勝於單單分析一種財務資料，所以在閱讀財務報表時，如果有「財務比率」的佐助，就不會被眾多數字所矇蔽。

　　一般財務比率分析，按各種不同需要所計算出來，可說名目繁多，不勝枚舉。其中最主要，可歸納：流動性（Liquidity）、債務結構（Debt）、獲利性（Profitability）及周轉性（Coverage）等四大類比率。

　　流動性比率和債務結構比率：主要由資產負債表計算而得，獲利性比率和周轉性比率主要由損益表計算而得。

　　流動性比率：主要用來評斷一家公司償付短期債務的能力，這一類比率最重要、最普遍使用的有流動比率和速動比率。

　　債務結構比率：主要用來分析公司長期清債能力，這一類比率最常用者為：負債淨值比率，長期負債資本比率。

　　獲利性比率：主要用來衡量公司營運的效率，這一類比率最主要者為：毛利率、淨利率和淨值報酬率。

　　周轉性比率：主要用來分析公司財務周轉的能力，這類型的比率有現金流量周轉、存貨周轉率和應收帳款周轉率等。

▶ 2890永豐金財務比率季表

（單位）百萬
資料來源：永豐金e-Leader

期別	102.1Q	101.4Q	101.3Q
獲利能力			
營業毛利率	N/A	68.57	80.35
營業利益率	N/A	24.18	34.06
稅前淨利率	41.41	25.11	34.16
稅後淨利率	33.53	22.14	26.61
每股淨值（元）	13.41	13.04	12.8
每股營業額（元）	1.13	1.25	1.28
每股營業利益（元）	N/A	0.3	0.44
每股稅前淨利（元）	0.47	0.32	0.44
股東權益報酬率	2.88	2.15	2.71
資產報酬率	0.21	0.16	0.19
每股稅後淨利（元）	0.38	0.28	0.34
經營績效			
營收成長率	3.71	15.51	9.34
營業利益成長率	N/A	436.68	340.35
稅前淨利成長率	14.28	668.79	278.29
稅後淨利成長率	4.02	299.46	226.33
總資產成長率	6.55	4.39	3.66
淨值成長率	10.62	9.53	6.86
固定資產成長率	-5.88	-6.03	2.78
償債能力			
流動比率	N/A	162.39	143.68
速動比率	N/A	N/A	N/A
負債比率	92.72	92.73	92.74
利息保障倍數	N/A	N/A	N/A
經營能力			
應收帳款週轉率（次）	N/A	N/A	N/A
存貨週轉率（次）	N/A	N/A	N/A
固定資產週轉率（次）	N/A	N/A	N/A
總資產週轉率（次）	N/A	0.01	0.01
員工平均營業額（千元）	1,104	1,144	1,213
淨值週轉率	N/A	0.1	0.1
資本結構			
負債對淨值比率	1273.72	1275.27	1276.51

101.2Q	101.1Q	100.4Q	100.3Q	100.2Q
		獲利能力		
70.21	72.35	40.91	57.79	75.61
24.64	28.94	-8.3	8.46	26.3
26.4	30.55	-5.1	9.87	26.98
22.94	27.22	-12.82	8.92	21.99
12.46	12.69	12.32	12.36	12.22
1.24	1.31	1.12	1.21	1.14
0.31	0.38	-0.09	0.1	0.3
0.33	0.42	-0.06	0.12	0.32
2.31	2.96	-1.17	0.88	2.06
0.16	0.21	-0.08	0.06	0.15
0.29	0.37	-0.14	0.11	0.26
		經營績效		
12.52	20.33	-4.01	6.77	3.01
5.43	67.02	-161.99	-61.83	153.23
10.11	62.23	-135.9	-57.31	110.42
17.37	81.06	-191.69	-63.43	125.06
5.12	4.61	5.61	7.57	7.53
5.18	4.7	3.86	4.78	6.31
0.78	-0.51	-1	-1.93	-2.73
		償債能力		
151.3	169.28	165.09	164.27	161.91
N/A	N/A	N/A	N/A	N/A
92.9	92.84	93.07	92.95	92.91
N/A	N/A	N/A	N/A	N/A
		經營能力		
N/A	N/A	N/A	N/A	N/A
N/A	N/A	N/A	N/A	N/A
N/A	N/A	N/A	N/A	N/A
0.01	0.01	0.01	0.01	0.01
1,187	1,242	1,015	1,108	1,072
0.1	0.11	0.09	0.1	0.09
		資本結構		
1308.75	1296.7	1342.97	1319.1	1309.57

▶ 2890永豐金財務比率年表

（單位）百萬
資料來源：永豐金e-Leader

期別	101	100	99
獲利能力			
淨值報酬率——稅後	10.11	3.47	6.02
營業毛利率	72.91	60.52	62.54
營業利益率	28.01	11.83	14.75
稅前淨利率	29.11	13.60	16.49
稅後淨利率	24.77	9.11	15.67
每股淨值（元）	13.04	12.32	12.37
每股營業額（元）	5.09	4.61	4.65
每股營業利益（元）	1.43	0.55	0.69
每股稅前淨利（元）	1.49	0.63	0.77
股東權益報酬率	10.11	3.47	6.02
資產報酬率	0.72	0.24	0.43
每股稅後淨利（元）	1.26	0.42	0.73
經營績效			
營收成長率	14.33	3.33	-4.14
營業利益成長率	170.65	-17.13	2,176.10
稅前淨利成長率	144.75	-14.82	474.31
稅後淨利成長率	210.97	-39.93	465.54
總資產成長率	4.39	5.61	9.26
淨值成長率	9.53	3.86	4.68
固定資產成長率	-6.03	-1.00	-3.67
償債能力			
流動比率	162.39	165.09	153.98
速動比率	N/A	N/A	N/A
負債比率	92.73	93.07	92.95
利息保障倍數	N/A	N/A	N/A
經營能力			
應收帳款週轉率（次）	N/A	N/A	N/A
存貨週轉率（次）	N/A	N/A	N/A
固定資產週轉率（次）	N/A	N/A	N/A
總資產週轉率（次）	0.03	0.03	0.03
員工平均營業額（千元）	4645	4163	4213
淨值週轉率	0.41	0.38	0.38
資本結構			
負債對淨值比率	1,275.27	1,342.97	1,318.97

98	97	96	95	94
獲利能力				
1.10	-4.40	2.92	2.22	6.48
45.60	28.68	34.21	36.12	48.93
-0.68	-5.71	6.20	3.99	13.83
2.75	-10.22	4.04	4.74	14.72
2.66	-7.41	3.85	4.72	10.96
11.84	11.68	12.36	12.40	12.82
4.86	7.14	9.35	8.28	7.48
-0.03	-0.41	0.58	0.33	1.03
0.13	-0.73	0.38	0.39	1.11
1.10	-4.40	2.92	2.22	6.48
0.08	-0.33	0.22	0.18	0.55
0.13	-0.53	0.36	0.39	0.82
經營績效				
-31.85	-23.54	14.08	8.21	15.39
91.87	-170.49	77.16	-68.77	-23.56
118.37	-293.21	-2.70	-65.16	-26.83
124.44	-247.23	-6.95	-53.43	-27.12
1.53	-1.25	-0.16	2.42	7.66
1.44	-5.43	0.75	-5.48	3.02
-5.08	-0.92	-6.67	-8.55	-21.08
償債能力				
179.81	191.31	219.77	145.47	237.44
N/A	N/A	N/A	N/A	N/A
92.64	92.64	92.31	92.38	91.74
N/A	N/A	N/A	N/A	N/A
經營能力				
N/A	N/A	N/A	N/A	N/A
N/A	N/A	N/A	N/A	N/A
N/A	N/A	N/A	N/A	N/A
0.03	0.04	0.06	0.05	0.05
4452	6153	7696	7086	6541
0.41	0.59	0.76	0.65	0.59
資本結構				
1,259.60	1,258.36	1,200.85	1,212.73	1,111.37

5 Chapter

三大評估指標

■ 新手投資人想從密密麻麻的財務報表中,快速找
到公司關鍵的經營數字,建議可從三個財務指標
著手。

就理論上而言,股價為公司真實價值的反映,但是
因為公司在經營中總是會起起伏伏,因此就必須透過一
些領先財務資訊,藉此來評價公司未來的價值。

評估公司的價值則會有很多種方向,有的可從評估
公司資產的價值,即計算公司帳面資產淨值與股價的關
係,或有以公司獲利能力多少而作衡量者;此即計算每
股稅後純益及本益比的理由所在。

有的投資人則以公司未來營業的展望來做評估,因
為公司的成長率若年年高升,自然股價也會水漲船高,

180

「成長率」的評估之所以大具誘惑力，在於其盈利增加率的預期，則是無可限量的，因此股價也就有無限想像空間。

若是新手投資人想從密密麻麻的財務報表中，快速找到公司關鍵的經營數字，我建議可從以下三個財務指標著手：

1.股價淨值比

一家上市公司最壞的狀況便是下市，所以投資人在投資前，可先看看若這家公司倒了，還剩下多少價值，就可從它的公司淨值來觀察，淨值包括股本、資本公積、法定公積、增資準備以及未分配盈餘等。

計算出公司的淨值後，便可從股價與淨值的關係中，得到「股價淨值比」，理論公司價值有多少，股價就應該要有多少，但是影響股價的因素太多，例如大環境的景氣總是有好有壞，所以股價就容易超漲超跌。

這時若能把握住「股價淨值比」的指標，就如同站在蹺蹺板的中間點一樣，會容易找到股票的買賣點。

2.股東權益報酬率

再從公司淨值衍伸出來，若把公司所有的資產減去債權人的部分，剩下的就是屬於股東權益，也就是如下的公式：

$$股東權益（淨值）＝資產－負債$$

至於股東權益報酬率則代表股東出了多少錢，而公司用這些錢創造多少利潤，換句話說，也可以解釋成股東出一塊錢可以賺多少錢，股東權益報酬率的基本公式如下：

$$股東權益報酬率（ROE）＝淨利／股東權益$$

ROE其實不僅僅是一個簡單的比率，而是可以分析出企業經營模式，美國股神巴菲特認為公司的股東權益報酬率，若保持一定的高水準，亦代表公司的持續成長，因為股東權益會因公司獲利的累積而逐年增加，股東權益報酬率若保持不變，則代表獲利有等幅的成長。

3.股息殖利率

　　殖利率計算是用來讓投資人，了解他的投資現金股利的獲利率.，因為如果單以賺利息來說，殖利率會等於年利率。

　　但是因為股票價格會波動，股票投資會發生賺到殖利率，卻發生股票帳面上有未實現之損失，簡單來說投資人要小心賺了股息，賠了價差。

　　以股利算的殖利率，就是投資人明年配股配息可以拿到的殖利率，而殖利率就可以和銀行的定存比來做比較，值得留意的是，當股價大跌時，殖利率也會提高。

　　因此若想以每年賺取配股配息的投資人來說，股市崩跌時，正是進場的好時機，殖利率的公式如下：

殖利率＝股利／買進股價

上市公司
資產作帳手法

■ 投資人往往會因為公司本身資產夠雄厚的關係，
而忽略掉了其他的負債項目。

　　上市公司為了讓公司的財報好看，通常都會從財報
的資產項目中做文章，因為投資人往往會因為公司本身
資產夠雄厚的關係，而忽略掉了其他的負債項目。結果
往往在公司成為地雷股後，才發現原來公司財報上的許
多資產都是技巧性做出來的，因此本節便簡單列舉出幾
項上市公司的資產作帳手法。

流動資產

1.現金銀行存款
　　為了增加資產項目的現金部位，最簡單的方式便是
向銀行短期借款，將債務充當手上的現金，或是像信託

公司先借款再回存，並以「回存」的名義，虛報現金的
額度。

2.短期投資

若是把公司的鉅額現金投資股票，但卻把股票質
押，以此來虛報投資的額度，若當股價下跌時，沒有列
出備抵跌價損失。

3.應收票據

應收票據可用公司的關係企業或大股東的名義，
套現換出公司的資金，或是將應收票據不列在「備抵呆
帳」上。

4.應收帳款

虛報或虛擬海外的訂單，就可創造出大量的應收帳
款，帳面上還可做出慢慢消化訂單的方式，化整為零，
一樣故意隱藏「備抵呆帳」。

5.存貨

高存貨對於企業財報非常不利，因此很多公司會將
存貨售給關係企業，藉此虛報業績，有些公司甚至會將
退貨直接銷毀，藉此不列在存貨項目上。

6.長期股權投資

跟子公司交叉持股,藉此炒作股票,或是另設海外投資公司來護盤股價,透過子公司還可以做假帳,認列子公司的盈餘。

固定資產

土地

買廠房、辦公室或是向股東或關係人購置房產時,簽訂兩種成交契約,以低買報高的方式,虛報房地產價格。

出資資產

將機器或設備承租給關係企業,捏造假租約,藉此增加業外收入。

租賃

以機器設備抵押給租賃公司後,再用借貸的方式,虛報累積折舊。

定存質押

質押定期存款,藉此膨脹定期存款,美化帳上的現金數字,並且可再增加質押金額。

博達掏空案

博達有著輝煌的經歷，在台灣的電子業在世界逐漸發光發熱時，有在SCSI零件持續出貨的博達絕對是「看起來有在做事的正派公司」。

因為「博達擁有獨步全球的砷化鎵生產技術，還是榮獲國家磐石獎的國家級優良企業，手上還有滿到三年都做不完的訂單，而且公司一直都有在出貨，各大企業也一直在入股，怎麼可能是假的？」

但是，這一切的確都是假的。縱使博達的確曾榮獲國家磐石獎，各大企業也的確一直在入股，但這也是建立在虛假財報上的假象。

砷化鎵磊晶片這種東西除了是用在國防器材上的利器外，其生產難度連美國國防部都做不好，「以博達所宣稱的產能，台灣將會變成世界一等一的軍事零件重鎮」。因此葉素菲就環環相扣的邏輯製造了一個台灣上市公司史上最大宗、最敢講、最無視監督機制的投資騙局。

葉素菲的話術邏輯如下：

1. 榮獲國家磐石獎製造出博達是世界上生產砷化鎵磊晶片最為頂尖的招牌。

2. 對外宣稱博達的訂單，已經接到連做三年都做不完。

3. 光是以博達的既有產能，博達一直都在賺錢，所以前景當然沒問題。

4. 而為了增加產能賺更多的錢，因此博達需要增資擴廠。

以上四個要素，無論哪一個都能造成博達是值得投資的理由，更何況是其環環相扣所造出的邏輯遠景。然而，博達雖然能生產砷化鎵磊晶片，但生產成本過高，其實並沒有市場競爭力。

但平均生產成本這種東西根本不屬會計帳目的管轄，而且製程這種東西是營業機密，所以有人說有世界上最有競爭力的產能與成本，外界根本沒人能提出反證否認。

　　且葉對外宣稱磊晶片訂單已經接到三年不停工都做不完，主要的用意是為了防止如果要是真有客戶找上門來訂購做越多賠越多的砷化鎵磊晶片的話，博達可以以「產能已滿」為由來退單。既然單子三年都做不完，那麼擴產與獲利自然不在話下。

　　如果博達根本沒在產貨出貨的話，外界有營業額是從何而來的疑問？事實上，葉採最原始的作假帳方式。因會計帳目裡，並不會列載進些什麼料，出什麼貨給什麼對象。會計帳目只列載花了多少錢在什麼地方，從哪賺了多少錢，結算下來是賺或賠多少而已。

　　因此從2000年開始，博達開始「左手賣給右手」的自家人賣貨給自家人方式偽造虛增應收帳款。「對國內銷貨對象為泉盈公司、凌創公司、學鋒公司，海外銷貨對象則全為虛構的紙上公司：EMPEROR 公司、FARSTREAM 公司、FANSSON 公司、KINGDOM 公司、MARSMAN 公司、DVD 公司、DYNAMIC 公司、LANDWORLD 而連續虛增博達公司之應收帳款達16,130,817,601元……」。

　　公司完全沒有營業收益，日常開銷全由公司向市場拋售股票及不斷募資舉債來補足龐大的資金缺口。

案發及後續

既然博達日常開銷全由公司向市場拋售股票及不斷募資來籌措,那麼絕對會有入不敷出的一天。

- 2004年6月15日,博達無預警宣告因無法償還2004年6月17日到期之公司債新台幣29.8億元,決定向士林地方法院聲請重整。

- 2004年6月17日,台灣證券交易所將博達股票列為全額交割股。

- 2004年6月23日,博達股票被停止交易。

- 2004年6月25日,葉素菲因詐欺、背信罪被移送士林地檢署,隔日收押。

- 2005年5月18日,士林地方法院裁定葉素菲得以新台幣八千萬元交保,然而因籌措無門,直至5月20日才籌足新台幣八千萬元得以交保(自遭檢方聲押獲准至起訴,歷時四個月;再經士林地方法院接押三個月、延押兩次,葉素菲共被檢審羈押近十一個月)。而因為《公司法》第30條規定,犯詐欺、侵佔、背信罪,被判刑1年以上定讞的公司經理人才必須解職。要解任公司經理人,還必須經法院判決確定有罪才行。所以8月15日,葉素菲又回到博達擔任董事長至今。

190

依葉素菲所言，他是遭到出貨廠商惡意詐欺，因此造成出貨款項無法回收而造成資金問題。她本人是絕對有誠意解決問題以示對股東們的負責，不然若早是預謀斂財的話，她大可早一步捲款避居海外躲避刑責。然而一般認為，葉素菲之所以沒有出逃，是因為當時其夫林華德仍在國票金控擔任董事長，為了避免連累影響其職業聲譽而留下。

2009年2月25日，台灣高等法院二審判決葉素菲有期徒刑14年，全案仍可上訴。

2009年11月19日，台灣最高法院駁回上訴，葉素菲遭判有期徒刑14年定讞，併科罰金新台幣1億8000萬元，必須入獄服刑。

2009年12月7日，葉素菲因涉嫌掏空尚達公司新台幣六億元，到台灣高等法院受審。

2009年12月8日，葉素菲入獄服刑。

編註）本段博達掏空案擷取自《維基百科》

投資人應審慎評估風險

　　本節舉出了財務報表中，最常做文章的資產項目，但是不代表其他項目就可百分百相信，投資人應該抱持懷疑的態度，審慎評估每家上市公司的投資風險，並且切記不要把所有資金都投資一檔股票，以免這家公司最後被爆出作假帳，投資人所投入的資金將血本無歸。

小叮嚀

往往在公司成為地雷股後，才發現原來公司財報上的許多資產都是技巧性做出來的。

Part 6

用財報選好股

高毛利率
的選股

■ 讓競爭者進入的門檻拉高，公司本身對於所生產的商品便享有「定價權」，毛利率自然可長期維持在高檔。

　　在公司的財報中，只要擁有高毛利率，加上處在高成長的產業，往往就能讓股價狂飆大漲，因為毛利率高代表公司所生產的商品具有較強的競爭力，股價可輕易獲得市場的高評價，更容易獲得法人機構的認同。

　　毛利率高，即是這家公司的收入越多，但是成本卻很低，所以可以擁有很高的盈餘，毛利率自然長期維持在高檔，毛利率的計算公式如下：

毛利率＝（營業收入－營業成本）／營業收入

高毛利率公司的特性

　　毛利率為公司產品獲利能力的指標，享有高毛利率的公司通常表示公司在該領域具有獨特的能力，例如掌握關鍵技術，擁有大客戶訂單，產品具有創新力，具有高毛利率的公司，往往是該領域的龍頭廠商或是利基型廠商。

　　當一個產業剛剛興起時，由於競爭對手較少，因此領先布局的廠商，便可享有高毛利率的優勢。

　　例如十年前當GPS還未普及時，每一台車用GPS至少要價5萬元，所生產的公司自然享有高毛利，而當越來

越多的廠商介入GPS市場後，GPS的價格節節下滑，如今每台車用GPS平均都不到5,000元，來回的毛利率相差近十倍。

公司要維持高毛利率，除了要將產品聚焦外，最重要的就是要把產品做到最好，甚至是全球數一數二的地位，把讓競爭者進入的門檻拉高，公司本身對於所生產的商品便享有「定價權」，毛利率自然可以長期維持在高檔。

例如台灣的半導體大廠台積電，長期耕耘在晶圓代工領域，市場占有率始終超過五成，每年持續拿出一部分的獲利作為資本支出，所以製程始終領先對手至少一個世代，想當然的，毛利率自然可以維持在高檔，股價也享有高本益比的優勢。

依毛利率掌握買賣點

由於毛利率是一家公司獲利能力的重要指標，因此觀察其變化將可找出公司獲利變化的趨勢，當公司的毛利率向上提升時，代表著公司的新產品的效益出現，或是經濟規模大量顯現，均為公司體質好轉的跡象。

　　而當毛利率下降時，通常是競爭對手紛紛開始低價搶單，或是大客戶不斷流失，導致營業收入節節下滑，因此掌握毛利率的變化，就能夠預測出股價在未來一段時間的走勢。

　　下表即是最近一季的上市公司毛利率排行榜，建議投資人可這些高毛利率股中，再刪除電子通路、金融、營建、食品等類股，因為這些產業的競爭力與毛利率高低較無關係，所以不適用於毛利率選股法。

以毛利率選好股

資料來源◎ 富邦證券Fubon eBroker

197

Chapter 5

用**殖利率**選**好股**

■ 公司每年會把盈餘分配給股東，把所配發的股利除以股價，便是「股利殖利率」。

　　很多人一開始進入股市，就希望買到飆股，希望可以讓獲利快速倍翻，但事實上，抱有這樣心態想法的投資人，最後總是慘賠出場，而長期留在市場上的贏家，則是靠著股票所配發的股利，每年從市場穩穩地獲利。

存股票，穩穩賺

　　近幾年在股市裡開始流行「存股票」的概念，這就像把錢存在銀行定存會生利息，若以「存股票」的概念長期持有，公司每年會把盈餘分配給股東，把所配發的股利除以股價，便是「股利殖利率」，此公式如下：

（現金股利＋股票股利）／當日每股收盤價

　　但由於股票股利不一定可以在短期間內填權，因此市場上有人會剔除股票股利，只單純看現金股利殖利率或稱股息殖利率，但我建議既然要長期持有股票，就應該要一起把股票股利合併計算。

善用72法則

　　當一檔股票當天的收盤價為15元，當年所配發的股利為1.5元，股利殖利率則為10%，當股價漲至20元時，股利還是為1.5元，但股利殖利率則降到7.5%，而若股價跌至10元，以股利1.5元來計算，股利殖利率則提高至15%。

　　因此若是以股利殖利率的概念來買賣股票，則應該在股價大跌時買進，股價大漲之後賣出，並持續把工作收入存下來買股票，以平均每年獲利10%來計算，根據「72法則」的原理，你的本金每7.2年會倍增一倍，這也是很多有錢人從股市掏金的密技之一。

　　以投資人最喜歡的定存股中華電信為例,可找出中華電信近10年的股利,我會以最低和最高的股利做平均,即以(4.06+6.36)/2=5.21元。

　　則可得知中華電信每年至少可配發5元的股利,再觀察技術線圖,找出中華電信的高檔和低檔區,那麼接近低檔區時即可大量買進存股,越接近高檔區時,則可慢慢停利出場。

小叮嚀

　　長期留在市場上的贏家,則是靠著股票所配發的股利,每年從市場穩穩地獲利。

▶ 中華電信是標準的定存股

年度	中華電信近10年股利政策				單位：元
年度	現金股利	盈餘配股	公積股	股票股利	合計
101	5.35	0.00	0.00	0.00	5.35
100	5.46	0.00	0.00	0.00	5.46
99	5.52	0.00	0.00	0.00	5.52
98	4.06	0.00	0.00	0.00	4.06
97	3.83	0.00	1.00	1.00	4.83
96	4.26	0.10	2.00	2.10	6.36
95	3.58	0.00	1.00	1.00	4.58
94	4.30	0.20	0.00	0.20	4.50
93	4.70	0.00	0.00	0.00	4.70
92	4.50	0.00	0.00	0.00	4.50

▶ 中華電信月線圖

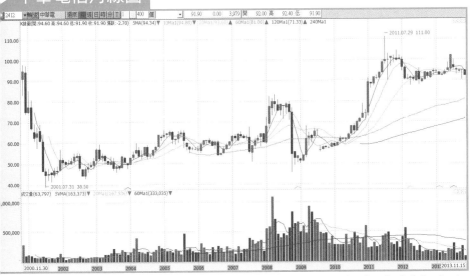

本頁資料來源◎ 永豐金e-Leader

追蹤**月營收數字**

■ 營收的數字比較可以非常多樣化，因此用營收來
選股的模式也很多。

　　上班族每天辛苦上班，每月可獲得固定薪水，而營
收對於一家公司來說，就等於薪水一樣，若營收節節下
滑，代表公司的前景堪慮，因此從營收數字，可以清楚
看到每家公司的未來前景，更可以對未來的獲利做較準
確的預估。

營收的公布

　　公司營收分為三種，分別為月營收、季營收、年營
收，月營收是每月的10日前公布，上一年年報與第一季
營收是4月30日公布，半年報（含第1和第2季營收）是8
月31前公布，第3季營收是10月31日公布。

　　在觀察一間公司的營收時，不能因為單月的營收成長就買進，而是必須要觀察營收的成長動能是否持續，而且還可搜尋之前公司的預估營收，跟公布的營收是否一致，藉此觀察公司老闆的誠信度。

　　營收比較可跟同業比，也可跟自己比，若月營收平均比同業高，代表市場的佔有率高，也可享有較高的股價，跟自己比較則是要跟去年同期的營收來比。

　　就像每個人都希望一年的薪水比一年高，公司的營收年增率變化，也關係到公司的業績是否持續成長，投資人是否應該持續買進。

依照營收變化買賣股票

　　每家公司每年都有淡旺季之分，以電子業來說，傳統的每年5、6、7月是營收的淡季，所以會有「五窮六絕七上吊」的話語產生，而電子股的股價在這三個月的表現也通常較差。

　　每年的10月至12月，電子業的廠商需要為明年備貨，這三個月的營收也都會節節高升，因此股價往往在年底甚至到隔年的元月，都會有一波的上漲行情。

營收雖然是獲利的先行指標，但卻不是獲利的絕對指標，還必須同時搭配毛利率、EPS來比較，而且在傳統產業中，由於營建、觀光、金融等產業的成本結構不同，所以也很難以營收來判斷股價的趨勢，這三個產業反而要以政府的優惠政策為判斷的依據。

不同的營收選股模式

營收的數字比較可以非常多樣化，因此用營收來選股的模式也很多，以富邦證券的選股大師為例，就將營收選股分為6種模式如下：

1. 最近一個月的月營收創新高

2. 最近一個月的營收較去年同期成長超過10%

3. 最近一個月的營收較前一月成長超過10%

4. 每股營收超過15元

5. 今年以來累計營收比去年同期成長超過10%

6. 今年以來累計營收比去年同期衰退超過10%

▶ 營收選股

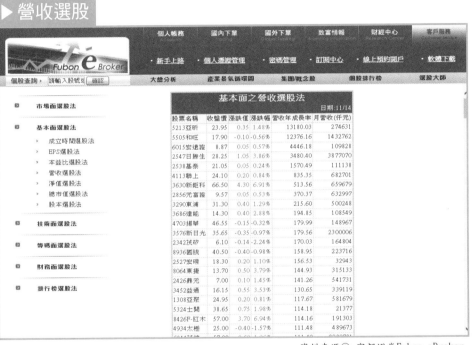

資料來源◎ 富邦證券Fubon eBroker

打造新閱讀饗宴！
致富絕學，投資新法，盡在茉莉！

打造新閱讀饗宴！
致富絕學，投資新法，盡在茉莉！

新手致富

《新手一看就懂的
百萬年薪寶典》
定價：250元

《新手一看就懂的
存錢寶典》
定價：250元

《新手一看就懂的
房地產投資》
定價：280元

生活智慧王

《幸福可以每一天都有》
定價：250元

《有錢人默默養成的
30個好習慣》
定價：250元

《認真讓夢想成真》
定價：250元

榮登各大書店與網路書店暢銷排行榜！！
上萬網友一致推薦的收藏好書！

打造新閱讀饗宴！
致富絕學，投資新法，盡在茉莉！

新手致富

《新手一看就懂的
被動收入》
定價：250元

《新手創業,一定要
懂的20件事》
定價：250元

《新手業務,一定要
懂的33件事》
定價：250元

職場大贏家

《1分鐘掌握對方個性》
定價：220元

《提升10倍業績的說話力》
定價：199元

《CEO教你讀心術》
定價：250元

榮登各大書店與網路書店暢銷排行榜！！
上萬網友一致推薦的收藏好書！